U0180951

1940s

1940年代时尚

权威资料手册
1940s Fashion: The Definitive Sourcebook

[英]夏洛特·菲尔（Charlotte Fiell）
[英]埃曼纽尔·德里克斯（Emmanuelle Dirix）编著
邸超 余渭深 译

重庆大学出版社

P2927-66

目录

左页图

好莱坞女演员南希·波特穿着一件金属丝织锦缎露肩连衣裙。1934年，克劳迪特·科尔伯特在扮演克利奥帕特拉的角色时，这类金属丝织锦缎连身裙开始流行。用这种材料制成的紧身贴合式设计完美地塑造了好莱坞激情燃烧的女主角形象。派拉蒙影业，1945年

序言：1940年代的时尚

文/埃曼纽尔·德里克斯

第二次世界大战，实用性及战后风格

1940年代大致分为两半：前半段见证了第二次世界大战，这是历史上最残酷的国际冲突，造成了迄今为止所有战争中最大的生命损失，而后半段见证了和平的回归。在这十年中，冲突占去了一半多，但整个时期都受到其影响。1940年代的时尚界也不例外：前五年，材料短缺，时尚潮流变化很小；而后五年迎来复苏，出现了断断续续的发展，夹杂着令人不悦的尴尬。

虽然有很多关于1940年代战后时尚的书籍，但专门研究第二次世界大战期间流行风格的书却很少。大多数20世纪的时尚书籍很少涉及那个时期，大多泛泛而谈，内容粗浅，诸如休闲裤、男性化剪裁以及对舒适的更大需求，很少涉及不同国家的时装生产或消费趋势。那个时代，我们不再着眼于差异，而是将同质化体验的理念转移到整个时代。不可否认，大多数受影响的国家之间存在着相似之处，但也往往存在着显著差异。如果不研究这些差异，不研究每一个实例的细节，就不可能理解时尚在战争期间和战后的重要性。

第二次世界大战期间人们对时尚的写作热情锐减，其中一个突出的原因：面对战争，人类付出了巨大的生命代价，世界笼罩着恐怖，在这样的背景下讨论时尚，可能显得对生命不尊

左页图

模特们在女军人面前走秀，展示最新的实用性时装和人造丝袜，通称为"道尔顿先生的丝袜"，以贸易委员会主席休·道尔顿的名字命名，1943年9月

重，也不重要。这种立场可以理解，但也有失偏颇。在讲述战争的故事时，如果忽略时尚等内容，历史的画面就残缺不全，从而会造成流言盛传，人们相信在世界冲突时期，作为神话的时尚窒息了，因为此时，没有人真正关心他们的外貌穿着，他们所担心的是更为宏大的事情。事实上，这与现实相去甚远。

正如本书将展示的那样，时装生产不仅对维持经济发展至关重要，而且在战争中发挥着至关重要的作用：基于该行业的灵活性，它的生产可随时转成为战斗部队提供装备。当然，时尚消费在经济之外也发挥着重要作用：购买现成的服装或面料不仅有助于维持经济的运转，还能帮助女性摆脱萦绕在她们生活中的恐怖战争，消除生活艰难所带来的阴影。事实上，在许多方面，时尚的重要性体现在它所带来的心理效应上，其作用甚至超过了它所产生的经济效益。例如，在德国，1943年以后几乎没有时装生产，然而有杂志继续出版，宣传不存在的、通常是虚构的时装。这种现象看似矛盾，传播并不存在的时尚，不过其原因是值得深入探究的。

关于第二次世界大战期间为何鲜有关于时尚的写作，一个与语义学有关的、不太明显的原因，牵涉如何定义"时尚"一词。在日常话语中，时尚指的是商店中出售的物品，而在学术话语中，它的指向更为具体。正如伊丽莎白·威尔逊（Elizabeth Wilson）在她的开创性著作《梦想的装扮：时尚与现代性》中指出的那样，"时尚是那些不断地快速变换风格的服饰。[1]"这一定义将我们引向了问题的关键：由于材料短缺、紧缩的法规、定量配给的制度，

以及劳动力的大幅减少，尤其是在服装行业这种减少更为突出，因此，当时的时装风格变化也较为固定，1940—1945年的风格变化与之前的几十年相比微不足道，这个时期的服装，显得实用、单调和功能单一。此外，功能性是一种很少与时尚联系在一起的品质，更多时候是用来描述时尚的对立面：工作服。然而，由于周期变慢，变化往往只出现在细节上，而不是宏观结构上。即便如此，也不能抹杀时尚的存在。服装可能变得更加实用，但它的装饰品质远没有失去，即使它变得低调和实用，它仍然与个人和社会身份的表达密切相关。时尚历史学家乔纳森·沃尔福德（Jonathan Walford）说："希望存在的地方，就有时尚的存在[2]"。

当然，在极端困难的地区，对于那些生活在赤贫或禁闭中的人来说，对于服装，他们更关注的是实用性，而不是所谓的时尚。战争摧毁了欧洲大陆的大部分基础设施，许多人缺乏足够的生活空间，还有更多的人遭遇严冬，缺乏取暖设施。所以，面对这样恶劣的生存环境，功能性服装（而非时尚）更为重要。例如，在德国的某些地区，1944年的情况非常糟糕，盟军打开一些保险箱时发现的不是珠宝或金钱，而是服装——这表明服装已经成为一种稀有的珍贵商品。

关于1940年代早期的时尚很少被讨论的另一原因，涉及时尚的社会性别问题。时尚主要被固化为一种女性兴趣，因而在文化生活中占据的位置如此模糊。虽然我们大都或多或少地参与其中，但我们经常被提醒，时尚是肤浅的、空洞的和浪费的。这种流行的话语阻碍了

人们对时尚在历史和当代人类生存中的重要作用的认识。人们认为它与女性、女性气质和家庭生活相联系，从而强化了人们的认识偏见。因此，人们对时尚研究的严肃性缺乏认识，特别是面对战争时期有关的主题时，时尚话题更是难登大雅之堂。在历史上，战争可能被视为男性文化的巅峰。在全球暴力冲突的时期，谁愿意关注女性对于家庭的重要性。对此，这本书旨在纠正这些偏见，展示十年期间时尚发展状况，以正视听。

暴风雨前的平静？

1939年巴黎秋季高定时装发布几天后，第二次世界大战就爆发了。商业买家和私人客户观看了这场盛大的时装秀，期盼着这些设计在世界上尽快流行，穿在世人的身上。此时的巴黎仍是无可争议的时尚中心，时装设计师创作的款式在全球范围流行，要么是原创，要么是百货公司和成衣公司出售的复制品。顾客和商业买家每年两次涌入这座城市，浏览、购买最新的奢侈品，并从中获得灵感。几周内，时尚刊物就能让全世界窥见时尚的未来趋势。1939年的秋天也不例外，尽管国际游客明显减少了。

德国于1939年9月1日入侵波兰，这并不令人意外。自1930年代末以来，大多数欧洲大国一直在悄悄准备战争，尽管如此，它们仍希望避免在欧洲领土上发生另一场重大冲突。两天后，法国、英国、新西兰和澳大利亚都向德国宣战；一天后，英国皇家空军攻击德国海军。不到一个星期，加拿大也加入了这场战争，

于是大西洋战役打响了。没有人对将要发生的战事抱有任何幻想。因此，错位的希望，夹杂着相当程度的现实主义，在秋季时尚系列中得到了体现：日装的特点开始突显实用性，粗花呢西装以轮廓分明、箱型、男性化的宽肩样式和收紧的腰部裁剪成为主导风格，而晚礼服则多以受欢迎的、设计有鸡心领、宽下摆的连衣裙为主。

战争爆发后的第一批时装转向了现实主义，呈现出越来越实用、温暖、多用途的特点，尤其是面向国内市场的时装。奢华仍然是晚装的特点，但即便如此，长袖礼服也变得务实起来，以防止晚上外出、躲进防空洞的麻烦以及夜间的寒意侵袭。奢侈的晚装原本是为国际消费者，尤其是美国消费者准备的，但秋季的销售数量锐减，几乎没有任何订单。1939年9月3日，一艘德国U型潜艇击沉了雅典娜号客轮，这让许多顾客完全打消了去巴黎观摩时装秀的念头。

实用性，体现在战时出现的第一个时尚系列中，包括服装的廓形和面料的选择，在这十年的前五年，它成为时尚定义的主要特征。这是一种简单的常识，在许多国家，人们强调实用、凑合，放弃了战前的奢侈追求，实用性被视为关乎生存、民族主义和胜利的国家话语。虽然当代历史研究在很大程度上忽视了时装在二战中的作用，但当时政府和平民都坚信，时装的生产和消费在支持战争前线方面、在战争宣传动员方面都有不可低估的价值。的确，战时很少有政府忽视服装问题，他们的做法和态度有很多相似之处，但对于战争冲突中的四个关键参与国家的时尚研究是值得深入的。

德国——国家社会主义的时尚愿景

要充分理解1940年代德国对时尚的态度，有必要回顾一下30年代中期，尤其是国家社会主义的兴起之时。1933年，希特勒当上总理，他和他的政党提出了"新"和"光荣"的德国愿景。在意识形态上，这个新秩序依赖于广泛的社会、政治、军事、经济和文化改革计划。包括时尚在内的所有生活领域都受到了这些改革计划的影响。

像1930年代的大多数其他国家一样，德国的时尚只是复制或诠释了巴黎的高级时装风格。希特勒厌恶巴黎在任何领域的权力，他认为巴黎的时尚是"国际犹太人阴谋"的一部分，宣称它们不是德国的，具有腐败意识形态的作用。党派之间的嫌恶是如此极端，以至于有法语词根的单词都被日耳曼语的名称所取代："高级定制（haute couture）"变成了德语的"Hauptmode"，"优雅（chic）"变成了"schick"[3]。

国家社会主义意识形态排斥在第一次世界大战后出现的女性解放，女性走向社会，受到可可·香奈儿（Coco Chanel）、让·巴杜（Jean Patou）和埃尔莎·夏帕瑞丽（Elsa Schiaparelli）等法国时装设计师的极大影响和推动，现在，她们又面临重新禁闭回家。独立职业女性的一切视觉打扮，包括时尚、化妆和发型都遭到了同样的蔑视，因为它们与法西斯政党所推崇的完美德国女性形象背道而驰。德国非犹太教的白种雅利安女性所追求的理想是：年轻、健康、健美、自然，这种女性形象被纳粹德国

的对手轻蔑地戏称为"格雷琴（Gretchen）"。金发碧眼确实是一种资产，但与许多历史学家所宣称的相反，它不像宣传海报和文章一直强调的那样，具有内在属性，当时的德国社会认为它不是必需的。纳粹德国认为女性不应该在外表上投入更多的时间和金钱，而应该把更多的精力放在做好贤妻良母上。她们的服装应该反映出对国家的忠诚，并避免于时尚。取而代之的是传统服装——Trachtenkleidung（德语名称）——阿尔卑斯村姑连衣裙（dirndl），它源于慕尼黑（纳粹党的诞生地），被广泛推广为合适的着装模式。

在1930年代，德国的蒂罗尔（Tyrol）风格也渗透到德国以外的高级时尚界，在各种法国和美国的时尚出版物上，风格化的尖顶冠帽、雪绒花刺绣和新款阿尔卑斯村姑连衣裙得到了推广。事实上，罗伯特·皮盖（Robert Piguet）和曼波切（Mainbocher）在他们1939年的春季高定系列中也展示了类似的村姑款连衣裙。1937年，玛琳·黛德丽（Marlene Dietrich）现身麦迪逊大道，全身上下，穿着约瑟夫·兰茨（Josef Lanz）设计的德国传统风格服饰。黛德丽当时已是一位著名的好莱坞明星，她无意中引发了一股民间服饰的潮流，并因此为德国回归民间服饰的宣传运动增加了力量，这是具有讽刺意味的，因为她曾直言不讳地反对纳粹。

然而，地域和民俗元素的流行并不局限于阿尔卑斯风格。波希米亚和摩拉维亚元素，如工作服和彩色刺绣也出现在*Vogue*的页面上，同时出现的还有墨西哥和中美洲的风格和细节，这是富兰克林·德拉诺·罗斯福（Franklin

D. Roosevelt) 在1930年代早期提出的"睦邻"政策的直接结果，该政策旨在改善美国与拉丁美洲的关系。从"传统"的美国服饰中获得的灵感也很明显，以拓荒者和牛仔元素的形式出现，比如刺绣衬衫和牛仔靴，而印第安土著图案则常出现在裙子和连衣裙上。这些"本土"风格在1940年代仍然很流行，而阿尔卑斯风格在德国以外的地方或多或少被抛弃了，因为它具有负面联想，因此，早在1940年之前就受到人们的诟病，战时它与纳粹意识形态联系更为紧密了[4]。尽管纳粹党将"黑森林"少女视为理想的女性形象，德国时尚出版界却持有完全不同的观点，对这种所谓的"民间"健康外观，它们并未进行过度宣传，而是继续以巴黎和美国的时尚为特色，只是偶尔会登载一些村姑风格连衣裙，仅仅作为一种旅行或步行服装。就连纳粹宣传部长约瑟夫·戈培尔(Joseph Goebbels)的妻子玛格达·戈培尔(Magda Goebbels)也公开表示，她对纳粹党急于强加给她的"格雷琴"形象也心存疑虑。

在战时的德国，时尚业遭到批判，认为它不能促进健康的生活方式。巴黎的美丽理想被指责为是鼓励女性节食，它所推崇的身材修长、慵懒风格、穿着斜裁时装的女性则被描述为相貌丑陋、意识形态贫乏。而纳粹文化强调健身，积极提倡女性运动，认为太瘦，尤其是节食，会影响女性的生育能力，从而给种族的未来带来威胁。因此，"在纳粹的宣传中，被视为理想女性的不是时髦、娇小的女性，而是臀部肥大的女人，她们是完美的生育机器"[5]。

这种对健康和健身的重视并不是德国独有

的。在大多数欧洲国家，体育运动在1920年代开始普及，其重要性和参与性在30年代得到了充分的肯定。在这十年中，随着欧洲战事引发暴力冲突的可能性越来越大，人们对国家健康状况的担忧变得越来越明显。越来越多的人，尤其是年轻人，被鼓励定期锻炼。然而在一些国家，某项运动会被赋予更明显的民族主义色彩，但几乎所有的人都认识到了促进体育的重要意义。

1930年代的德国，体育运动与民族主义是国家话语的重要内容。学校的体育教育，以及各种强调健康户外运动的青年俱乐部层出不穷，都毫不掩饰他们的动机：年轻人代表着未来，如果德国人要实现他们作为"优步赛跑"的潜力，它的青年应该是健康的。体育运动被视为一种很好的解毒剂，可以避免那些令人不愉快的活动使年轻人误入歧途。纳粹反对痴迷于所谓的颓废和纪律缺乏，把德国在第一次世界大战中的失败归咎于错位的自由，并鼓励儿童积极参加各种青年组织，这些组织强调并提倡健康、自我牺牲和服从。当然，其中最臭名昭著的是"希特勒青年团"。

无论风雨，希特勒青年团都要求带着成员去远足、攀岩和露营，以磨练他们的意志。他们穿着制服、纪律严格，实施军事化管理，这种严格而苛刻的"玩耍时间"实际上是期望培养一代种族纯洁、身体健康、意识形态健全的年轻男女。意识形态健全并不仅仅意味着放弃疏远时尚，还致力于彻底割裂现代美学文化和理想。纳粹不仅攻击服装，发型和妆容也要接受审查。任何形式的"面部彩绘"统统被认为

25605

25606

25607

25603

25604

25603 Dirndl aus geblümtem und einfarbigem Leinen. Helle Schürze, weiße Bluse. Schnittgröße 44.

25604 Dirndl aus buntgestreifter Kretonne, Halskrause und Ärmelchen aus Batist, Leinenschürze. Schnittgr. 44.

25605 Trachtenmantel aus Loden, Randblenden in abweichender Farbe. Schnittgr. 44.

25606 Jugendliches Dirndl aus Waschgeweben; geblümter Rock, verschnürtes Leibchen mit farblich abweichenden Blenden, dunkle Schürze. Spitzenrüschen zieren die Batistbluse. Schnittgr. 44.

25607 Ein praktisches Dirndl aus karierter Kretonne. Blenden in der zarten Farbe der faltigen Schürze dienen als Aufputz. Schnittgröße 44.

是堕落和虚假的，他们认为拥有真实和纯洁灵魂的女人不应该藏匿在这样的面具后面。眼影、口红、胭脂和各种粉底都被认为是强迫女性遵从一种本质上不符合德国风尚的时尚理想。头发应该是自然的，不能染发或烫发，当然也不能剪短发；女人应该像个女人，而不是打扮成小男孩样子。自1920年代以来，女性短发就很流行，而漂白头发的流行则是30年代才出现的现象，这与染发剂的改进有关，更重要的是，大众受到了好莱坞明星的诱惑和魅力的影响。事实上，像珍·哈露这样的银幕偶像就是会走路、会说话的广告，在希特勒和他的政党看来，这些"金发碧眼"的形象都是龌龊不堪的。

尽管纳粹政权竭力推广所谓纯洁、自然和健康的"黑森林"少女形象，贬损流行时尚，但德国女性并没有完全抛弃对时尚的追求。杂志继续展示着巴黎风格，化妆品市场的销量也没有下降，过氧化氢的销量反而猛增。就连爱娃·布劳恩（Eva Braun）也是位金发女人。然而，除了国家的健康和促进真正的德国文化，希特勒反对时尚还有另一个明确的动机:反犹太主义。

对巴黎时尚的诋毁，希特勒一直处心积虑，以及他对时尚理念的利用，从一开始就被纳入反国际犹太人阴谋计划的一部分。早在1934年，国家社会主义党的宣传材料上就开始出现文章，警告德国女性远离堕落的巴黎/犹太时尚。攻击的主要路线是宣称这些服装和装饰是虚假的、非德国的和非自然的。一些作家甚至认为，"外国"（也就是犹太人）时尚不仅对德国女性造成了身体上的伤害，还造成了情感上的创伤，因而会降低她们的生育能力。相反，鼓励德国女人应该真实，就像前面提到的，放弃国际犹太人阴谋生产的时装，回归民族传统本色。为了正确地履行这一德国女人的职责，她们被要求只购买德国生产的商品，因为购买任何外国商品，包括时尚，都会成为政权的反对者。"购买德国货"运动旨在提醒德国女性自己的消费责任，其目的不仅是传达纳粹的意识形态，同时利用这种意识形态来加强德国的经济。

"购买德国货"运动有两方面的作用：一方面，他们积极宣扬德国商品优于国外商品；另一方面，他们尽其所能诋毁和诽谤犹太人的产品。关于抵抗这些犹太产品的疯狂言论充斥着媒体，如果加上所谓的专家提供的证据，就会使最终无休止的反犹谩骂更加可信。例如，护足矫形鞋业协会的负责人曾撰文指责犹太人把人的脚视为赚钱的工具，而不是身体的重要部分。他的说法表明，由于犹太人的阴谋，60%至70%的德国人患上了"足病"。

"购买德国货"运动存在一些重大漏洞，最明显的缺陷是缺乏国内生产的天然纤维原

左页图
精心挑选的传统民族服饰风格的服装，包括几件类似的当时流行的村姑款连衣裙。无论是插图（农场动物和徒步旅行者），还是随附的文字介绍，该杂志都传达了这样的信息，即这些"服装"只适合在山区的乡村或外出度假时穿着，并否认纳粹意识形态对这种服装的推崇，认为这种风格的服装并不适合女性在任何时候穿着。*Iris Magazine*，莱比锡，1942年夏季

料；例如，德国严重依赖羊毛进口。为了解决资源短缺问题，国家在人造纤维的开发和生产上投入了大量资金，人造纤维被大肆宣传为"爱国之物"。自1920年代以来，较贫穷的女性一直依赖人造纤维（如人造丝）来模仿奢侈品，而较富裕的客户则认为，这些人造纤维专供穷人使用，她们会不惜一切代价避免使用这些材料。宣传机器的介入，敦促德国妇女抛开偏见，为国家的更大利益着想。和大多数国家一样，在德国，女性是家庭的主要购买者，她们为自己和家人购买了大部分的家居用品和时尚用品，因此，向她们传达消费者责任的信息，显然是一条切实可行的路径。为了使她们相信她们有能力造就或摧毁德国经济，政府企图奉承女性，使她们遵从纳粹党的指示。

1933年，纳粹领导人开始发起抵制犹太商品的运动，在他们批准发起第一次抵制活动后不久，被称为德国ADEFA的"德国服装工业制造商协会"就成立了，并立即吸引了该行业的约200名成员。它赋予自己两项任务：通过谴责犹太商品来推广德国商品，以及清除整个时尚和纺织业的犹太影响。同样在1933年，德国时装处（Deutsches Modeamt）更名为德国时装学院（Deutsches Mode-Institut），其主要目的是促进德国时装不受外国影响[6]。玛格达·戈培尔（Magda Goebbels）被任命为首任名誉主席，但很快就被自己的丈夫解雇了，因为她宣称自己想要让德国女性变得时髦而聪明，这与当时提倡的"格雷琴"形象截然相反，她的观点背离了纳粹提倡的意识形态。

1934年，ADEFA举办了一场有200件时

装的巡回展览，向德国人民展示非雅利安人在服装行业的垄断被打破了。然而，事实却不那么简单。在德国，ADEFA的雅利安化计划得到的支持比宣传所暗示的要少许多。超过300万德国人受雇于当时的服装行业，被迫关闭或接管犹太人拥有的工厂使许多工作面临风险，尤其是在德国人手中，这些工作往往不那么顺利同样，当宣传强调犹太设计的堕落和外来性质并将其与粗劣的工艺联系在一起时，大多德国人表示难以接受，他们仍然忠实于他们光顾了几十年的犹太公司和商店。甚至一些纳粹高官的妻子也继续与著名的犹太设计师一起购物。意识到在试图说服消费者停止在犹太商店购物或购买外国商品方面，他们正在打一场失败的战斗，宣传机构更为高调地强调，德国需要鼓励自己的"本土"时装设计。但不管从什么角度来看，人们还是一如既往地坚持自己的购物选择。到1937年，将犹太人从该行业中清除出去的努力加强了，现在所有的ADEFA成员商店都必须在橱窗里展示标志，告知公众所有在这里销售的商品都是由雅利安人制造的。伴随着这场愈演愈烈的运动的口号是一个明确的信息："永远净化"。到1938年，ADEFA已经拥有超过600名成员，他们来自纺织、皮革、皮草和时尚行业。所有人都自豪地在商店橱窗里展示招牌，上面写着店里的商品是"雅利安人手工制造"，这是服装标签上必须复制的口号。

1938年11月9日的水晶之夜，或称碎玻璃之夜，纳粹党准军事人员和一些平民参与袭击犹太人的商店和犹太教堂，由此颁行"禁止

犹太人进入德国经济生活条例"，迫使他们出售自己的生意，帮助完成了ADEFA的目标。玛格达·戈培尔评论道："优雅将和犹太人一起从柏林消失。"1939年9月1日希特勒入侵波兰时，德国的服装业和纺织业已经完全实现了雅利安化。由于缺乏经验丰富的商业经营者，以及限制进口造成的商品短缺，德国时装业在战争开始之前就已经陷入困境。

　　当时，德国的时尚中心就设在柏林，希特勒希望，一旦他的军事目标得以实现，这里将成为未来的世界时尚中心。柏林的设计师沙龙每年都会举办时装秀，然而，这些时装不是为国内客户设计的，而是为中立的、后来被占领的国家和盟国设计的，因为时装出口被视为将急需的现金引入德国经济的一种方式。

　　随着1940年6月法国的覆灭，看到柏林有可能取代巴黎成为奢侈品中心，约瑟夫·戈培尔加大了他的宣传力度，并支持创建一个全新的德国时尚刊物*Die Mode*，该刊物只被允许讨论和推广本土时尚。它与*Die Dame*和*Elegante Welt*杂志一起，展示了专为出口而设计的服装（尽管有些模特展示的衣物就穿在纳粹官员的妻子身上），所以尽管德国女性可以从出版物中读到这些时装，但她们却无法获得它们。从1941年到1943年春天，出版物越来越少，很多页面上都印着"缺货"的字样。虽然大多数时尚杂志在1943年底消失了，因为在战争期间它们被认为是"不必要的"，但仍有一小部分继续出版，它们的内容呈现出一种更现实的观点，专注于女性如何修补旧衣服，使衣服更暖和，重新修改男性的服装，以帮助应

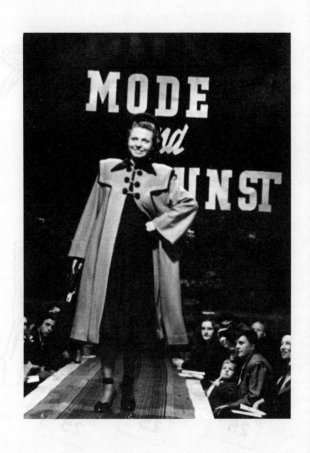

上图
"时尚与艺术"时装秀，模特在伸展台上，展示着战后的最新设计。摄影：来自Gadegast镇的埃尔弗里德·诺伊曼（Elfriede Neumann）。德国，1949年

序言：1940年代的时尚

上图

出自Jaeger设计的三款实用女装衬衫的广告，1945年

对女性服装短缺的问题。

　　对某些食品的配给制度在战争开始前几年就实行了，但对一般的服装配给制度直到1939年11月才开始执行。大多数德国人认为服装配给卡令人困惑，但它却成为英国配给卡制度的典范。分配给每个人的积分可以分阶段使用，一些物品，如皮鞋，需要潜在的主人正式声明他或她没有超过一双可用的鞋子，才能购买。而其他物品，如冬衣，必须在获得新的之前上交。德国是唯一一个要求客户在购买更大尺码服装时收取更多配给积分的国家，而在战前的宣传中，一再夸赞德国少女身材结实，这一点颇具讽刺意味。

　　由于大多数物资和劳动力都被转移到战争中，平民服装变得稀缺，商店里很快就空无一人。随着时间的推移，情况变得更为糟糕，战争之后发放的积分逐年减少。就像在大多数国家一样，德国妇女被提醒说"Aus Alt mach Neu"（以旧换新）。然而，到了1943年，物资短缺非常严重，形势严峻，甚至连宣传的语气都变得更加现实，承认物资短缺和艰苦，但仍然找到了一种有利的方式，宣称："与其穿着破衣烂衫跑上几个世纪，还不如穿几年打补丁的衣服。"1943年底，服装卡停发，这是库存耗尽的一个明确迹象。

　　从1941年起，第三帝国建立了一种"替代"服装生产的体系：劳改营。波兰的犹太人聚居区向德国军队提供衣服，以换取食物和煤炭。集中营的管理策略非常极端。新囚犯到达后财产就被没收，分类，再分配给德国炸弹受伤者和士兵。党卫军卫队和纳粹军官的妻子和女儿会无耻地为自己挑选最好的物品。在波兰奥斯维辛，集中营指挥官的妻子设立了缝纫室，囚犯们在那里为她和她的朋友们重新设计衣服。虽然官员的妻子们还能关心时尚，但对大多数普通德国人来说，这已经是很久以前的往事了——为了生存的需要，许多妇女想尽一切办法，通过合法或非法的手段，给自己和孩子穿上任何她们能得到的衣服。尽管为数不多的时装出版物继续呈现虚构的德国时装，但现实是，对大多数女性来说，时尚已经不复存在了。

英国——从实用时尚到凑合和修补

对于卷入冲突的大多数其他国家来说，它们的情况与德国相似，尽管很少有类似的物质短缺。在英国，情况有时同样的不稳定，因为它不仅从一开始就卷入了战争冲突，这与1941年底才加入战争的美国不同，而且英国是一个岛国，它的维系严重依赖进口。一旦大西洋之战爆发，其商船队必定陷于越来越危险的境地。

像许多其他国家一样，英国预料到了冲突，并通过谈判剩余航运合同来储备必需品。尽管从1939年开始实行配给制度，但最初只是针对供应不足的商品。事实上，在法国沦陷之前，民用物资的配给是最低限度的，但这些物资很快就减少了，需要有效的管理。1940年1月，食物是第一种定量配给的资源，以确保所有人公平分享，以及健康、均衡的饮食，尽管种类并不丰富。就平民服装而言，短缺问题力求从三个方面加以解决：同食品一样，实行定量配给，采取紧缩措施，最后严格执行公用事业

(Untility Scheme) 计划，有效控制质量和生产。这些元素的结合塑造了整个战争时期乃至1950年代的英国时尚。

引入的第一个限制是服装配给。从1941年6月1日起，和购买食物一样，购买衣服时，人们必须同时使用配给券和现金。不同种类的服装和材料需要不同数量的配给券，这取决于质量以及成品所需的面料和成本。帽子、皮草和蕾丝等奢侈品被征收重税，被认为是不必要的，因此被排除在配给制度之外。

政府向人们发放数量相等的配给券，其想法是保证分配的平等。事实上，有钱的人自然能负担得起更好的质量。众所周知，有些妇女实在太穷了，根本无法使用她们的服装券，因为她们仅有的那一点点钱，可要养活一家人。二手衣服被排除在配给制之外，对许多人来说，这成为他们唯一的穿衣方式。对于那些有时间和缝纫技能的人来说，使用布料配给券的确是一种更经济的着装方式。

1920年代，由于服装结构的简化，家庭服装制作迅速发展。即使经验不足甚至没有经验的女性也可以相对轻松地学会处理和制作一些简单的服装。女性杂志的目标群体是下层、中层和上层的工人阶级，上面刊登了大量由各种私立和公立机构组织的裁剪课程的广告。同时，简化的廓形带来的另一个后果是成衣的大批量生产。这种趋势在1930年代持续发展，成衣公司随着市场的扩大而蓬勃发展。随着成衣行业的成熟，它能够提供越来越多、越来越实惠的制作精良、款式时尚的服装，这导致了家庭缝纫制作的萎缩。

对于许多生活在紧张预算中的妇女来说，家庭裁缝仍然是不可或缺的，她们有能力制作自己的衣服，不过，当时许多妇女没有熟练的技能，缺乏服装制作的技术和经验，当地的妇女团体和杂志提供了及时的帮助，教会她们如何最大限度地利用她们的配给券。从国外购买服装是违法的，也不允许通过外国亲属订购服装。尽管如此，服装和配给券的黑市交易很快就蓬勃发展起来，尤其是较贫穷的妇女能够用她们的配给券（无论如何，这些券是不会被使用的）换取食物或金钱。

配给制度虽然有效，但随着战争的持续，服装的生产和分配都出现了问题，最重要的是质量问题变得日益突出。随着服装和面料价格的上涨，贫穷的妇女再次成为受害最大的群体，她们的钱只能买到质量低下、价格便宜的布料和衣物，不够经久耐穿。这似乎更加不公平，因为她们一开始就比富有的女性拥有更少的财富，而后者往往拥有大量的衣物。因此，对于贸易委员会来说，质量问题也是一件令人头痛的事情，他们启动执行他们提出的具有开创性的公用事业计划，以控制在生产中所面临的质量问题。

解决这个问题的主要目的是缩小廉价和昂贵服装之间的价格和质量差距。为此，将生产的面料和服装版型的范围限制在少数几个企业，这些面料的质量好、耐穿、易清洗。1942年2月，《实用服装令》（Utility Apparel Order）出台，为了鼓励更多企业参与，政府向工厂老板提供了一些激励措施，比如获得更高的材料配额，并承诺生产75%或以上实用服装的工厂不会

撤走任何工人。这些措施被证明是成功的，在1942年，大约50%的服装是根据公用事业计划生产的；到1945年，这一比例增加到85%。

公用事业计划不仅控制质量，还控制价格，但是，尽管多功能服装更便宜、免税、质量更好，公众的反应却并不积极。该方案的名称被广泛应用于制造业，有很多原因——"实用"代表着时尚的对立面，立即让人联想到工作服、制服和单调的颜色。不可否认，在该计划下生产的服装可能没有战前服装那么令人兴奋，但它实际上提高了质量，在糟糕的环境下，做出那样的设计，已经非常不错了，尽管在风格上缺乏变化。

为了满足更多客户的需要并广泛推广执行该计划，英国贸易委员会委托伦敦时装设计师协会提出可获得批准的实用主义设计方案。众所周知，Inc. Soc. 作为伦敦设计师联合组织，它的成立是基于英国版Vogue的编辑艾莉森·塞特尔（Alison Settle）的建议，它与巴黎的法国高级时装工会的职责有所不同。通过联合这些设计师并与英国纺织品和服装制造商合作，伦敦可以凭借自己的力量将自己打造为时尚中心。加入的设计师名单令人印象深刻：诺曼·哈特内尔（Norman Hartnell）、迪格比·莫

右页图
在伦敦布卢姆斯伯里屋顶上，一名模特穿着一件Atrima出品的双色连衣裙，这是根据公共事业规定制作的，价值7张配给券。信息部，1943年

顿（Digby Morton）、维克托·斯蒂贝尔（Victor Stiebel）、沃斯（伦敦）时装屋的设计师埃尔斯佩斯·尚科米纳尔（Elspeth Champcommunal）、赫迪·雅曼（Hardy Amies）、莫林诺·爱德华（Edward Molyneux）和查尔斯·克里德（Charles Creed），后两位是于1940年从巴黎归来的时装设计师，共32人。他们提出的设计被投入生产，英国版 *Vogue* 在10月刊中称赞他们的设计内敛优雅，由此，舆论的关注开始转向实用。

公用事业计划的另一个积极方面是服装行业的合理化重组。战前，英国的服装行业非常分散，有些人甚至称之为混乱，几十家不同的工厂生产相似的产品，大多数工厂都同时生产各种各样的产品。公用事业计划改革了这一制度，取而代之的是指定特定的工厂专门生产特定商品。这不仅便利了材料的分配和质量控制，还使货物的生产和分配更加精简。这套体系非常有效，到1943年初，80%的公用事业计划产品是由10%的服装工厂生产的。

大约在公用事业计划开始的同一时间，政府发布了紧缩令，这是确保公共事业计划成功的一个关键因素。集中质量控制和生产虽然解决了许多问题，但并没有解决日益严重的材料短缺问题。战前积累的库存正在迅速耗尽，进口的商品主要集中在食品上。尽管许多物资从美国和加拿大运来，但大西洋之战阻碍了商船

队往来航行。

为了最大限度地利用有限的资源，在服装制造的严格规则下，紧缩令试图通过标准化设计使库存水平合理化。当局向所有制造商发出有关每种成衣可使用的布料数量的指导意见，如未能遵守这些指导意见，便会被减少或完全停止分配布料。节俭的引入，去掉了服装中所有不必要的元素，从而在生产过程中节省了时间和金钱。实际上，这不仅意味着每一种服装的面料数量有限，而且也限制了口袋、纽扣、接缝、褶裥和褶饰。当时刺绣和花边是完全禁止的，包括男士裤子的翻边，拉链、皮革、金属纽扣和金属首饰都被禁止。这份清单很长，限制项目是由贸易委员会的各个小组委员会精心挑选的，旨在减少非必要的材料使用和无意义的浪费。定制的工作，如珠饰，以及非必需品，如女帽，皮衣和配饰是允许的，因为这些被认为是奢侈品，因此只有支付高额税收的富人才能获得它们。因此，在整个战争期间，紧缩措施对服装的外观有很大的影响，因为从设计阶段到生产都必须考虑这些限制。实际上，这意味着在战争期间，服装的廓形或多或少保持不变：裙子是直的，裙摆略低于膝盖，夹克设计有宽阔的肩部，但腰部收窄，连衣裙通常紧贴身体，可以以避免布料浪费。

紧缩令也影响了纺织品设计。由于许多染料被指定用于战争，民用受到限制，因此时尚的调色板受到限制，这导致在颜色方面很少有时尚变化。实际的设计也受到这些措施的影响，带有精致小花卉和生动图案的面料更受鼓励，因为小的重复图案更易于拼接使用，可以避免在服装生产中的浪费。

这两种方案都在很大程度上缓解了政府的压力，但到1942年夏天，即使是实用主义和

紧缩政策也难以保证人们能穿上新衣服。此时，贸易委员会没有发放更多的配给券（这不会在新商品中体现出来），而是发起了一场新的运动，鼓励凑合和"修补"，不鼓励人们购买新衣服。动员表彰那些凑合着穿旧衣服的妇女，认为她们是在为制造飞机、枪、战舰或坦克增添部件，从而调动了民族自豪感。更重要的是，消费愧疚感被大肆渲染，可见时局已经变得多么绝望。但是许多英国的妇女们并没有做出积极的回应，许多人已经在尽自己最大的努力修补旧衣物，而最近的这场运动是众所周知的压垮骆驼的最后一根稻草。当时为调查公众对战争相关问题的民意而组织的"大众观察"也注意到人们对服装问题普遍存在不满情绪。

为了得到更好的回应，贸易委员会在妇女志愿服务机构的帮助下，在第二年推送了名为《修理和修补》的小册子。这本小册子通过"Sew先生和太太"的实例，告诉妇女们许多实用而有趣的方法来重新利用旧衣服和材料，并提供了如何清洁和保养现有衣服的方便提示，以便延长它们的使用时间。

英国时尚媒体也尽了自己的一份努力来支持这一运动，专门刊登文章介绍《乱世佳人》中的斯嘉丽·奥哈拉（Scarlett O'Hara）如何用旧窗帘做连衣裙，以及女性如何旧物利用创造意想不到的时尚单品：用软木和拉菲草做鞋子，用蕾丝窗帘做内衣，用几乎任何东西都可以做帽子，用瓶盖、酒塞和线轴做珠宝等。

采取这种方式推动国内生产和创造力的做法并非英国独有，类似的文章和建议几乎出现在所有卷入战争的国家。尤其是法国，出版了大量关于如何用树皮和旧圣诞装饰品等各种材料制作最古怪的帽子和包的资讯。凑合着穿旧衣服和翻新旧衣服在以前被认为是耻辱和贫穷的标志，而在战争期间，却成为爱国主义和骄傲的象征。一种拆解旧针织物品和重新使用羊毛的时尚受到了鼓励，那些将以前使用过的羊毛"拉直"的公司生意很好。

在大西洋彼岸的美国，家庭缝纫也重新燃起了人们对时尚的兴趣——服装纸样出版发行行业的销售额大幅增长。1942年6月以后，虽然缝纫机制造商被征用从事战需品的生产，没有新的机器投入民用物资的生产，但胜家缝纫机公司通过提供机器出租，并优先出租给参加胜家缝纫课程的妇女，来满足社会的需要。显然，资本主义也会在战争中找到商业发展的机会。

美国——美国设计的崛起

和大多数其他国家一样，在战争爆发之前美国一直极度依赖巴黎的设计来"激发"自己的时尚产业。虽然美国在生产（尤其是成衣

右页图
女演员贝蒂·罗兹穿着焊接工装制服，这是为1942年的电影 Priorities on Parade 拍摄的宣传海报，故事主线围绕一群演艺人员展开，他们在战时的一家飞机制造厂找到了工作。这部滑稽的音乐剧清楚地传达出爱国主义和为了更大的利益而自我牺牲的信息，演员们拒绝了百老汇的角色，而选择了国防工作。派拉蒙影业，1942年

序言：1940 年代的时尚

方面处于最前沿，但被认为在时装设计方面严重滞后，因为美国从来没有任何发展"本土"设计文化的需要。大多数美国设计师为百货公司和成衣制造商工作，他们从来没有被记上名字，只有公司或商店的名字出现在服装标签上。这种匿名机制助长了对巴黎时装设计的过度依赖，因为巴黎时装设计师的名字与好莱坞巨星齐名："一个官方的香奈儿招牌"提升了商品价值，而贴上"没人听说过的玛丽"的名字，则无济于事。

然而，到了1940年秋天，巴黎与世界大部分地区的联系被切断了，美国，像伦敦和柏林一样，发现了一个机会，有望成为时尚领域新的世界领袖。在1941年12月7日日本偷袭珍珠港之前，美国从来没有减少从亚洲进口纺织品。然而，由于此前没有对全国性的时装设计进行规划，美国人有些措手不及。尽管美国版*Vogue*和*Harper's Bazaar*尽其所能地渲染美国设计师，对即将展示的秋季系列感到兴奋，

但实际上，杂志编辑们很难掩饰他们对之前巴黎春季系列所面临的安全问题的担忧。虽然杂志开始关注美国设计师，给予公开的赞誉，但很明显，美国风格这种东西是不存在的。各个角落都在努力尝试把纽约打造成新巴黎：在萨克斯第五大道的展览、编辑特稿和延伸的时装系列都体现了这种努力。不过，纽约的尝试也受到了诸多挑战：加州，尤其是洛杉矶，也在争取成为时尚之都的新宠。

洛杉矶拥有完善的服装产业，在30年代，通过好莱坞的银幕创作，洛杉矶开始对世界时尚产生一些影响。虽然这些时装从未能真正与巴黎时装相匹敌，最重要的是，它们往往只是巴黎高定的诠释，但像阿德里安（Adrian）这样的电影服装设计师作为时尚创新者已经赢得了名声和尊重。因此，洛杉矶比纽约领先一步，因为它在设计上已经有了一定的声誉，虽然它的声誉还很微小，事实上，富人和名人在这座城市的存在，意味着这座城市存在潜在的可能性，吸引更多的美国设计师来到这里，开设更多的高级定制商店。同样，纽约百货公司在洛杉矶也有分支机构，并储备了当地设计师的作品。

虽然第一批美国设计系列受到的欢迎不温不火，但到1942年，美国设计突飞猛进。克莱尔·麦卡德尔（Claire McCardell）和哈蒂·卡内基（Hattie Carnegie）很快成为家喻户晓的名字，阿德里安用自己的名字成立了一家设计公司。他们提出的时装理念是打造休闲装和晚装的时髦混合体，前者包括许多受校园风格启发的单品，后者则受到奢华的好莱坞式及

地款晚装礼服的影响。西尔斯·罗巴克（Sears Roebuck）等成衣公司对这些款式进行了诠释，从1942年开始，更多的页面被用于刊登实用的职业装，虽然时尚的套装和连衣裙仍然是他们的产品范围。

1941年12月，日本偷袭珍珠港后，美国正式参战。几个月后，美国政府开始对服装实行配给制和价格控制。到了第二年春天，战时生产委员会对服装行业发布了一系列类似于英国紧缩政策的指令。像英国一样，指令规定了时尚的廓形，而在现实中，很多变化可以从一些设计细节中窥见出来。不过美国没有像英国和德国那样引入配给券制度，而是将紧缩的责任推给制造商，威胁称，如果他们未能遵守服装尺码使用和加工的限制，将被处以巨额罚款。

美国在生产棉花和羊毛方面比欧洲其他国家有显著的优势，然而，在1941年之后，出现了真丝和橡胶供应短缺，染料也是如此，因为战争需要化学品，导致供应紧张。因此，尽管在许多其他国家，时装在战争期间几乎没有什么变化，但无论是顾客还是时装编辑，都没有公开呼吁新奇，因为每个人都明白，设计师们的工作环境受到了很大的限制。人们能做的仅仅是接受事物的原样，就是为战争尽自己的一份力。

好莱坞明星是这些理想的榜样，她们不仅通过访问军队，而且通过拍摄穿着休闲裤和简单的工作服参与战争工作的照片，为战争动员做出自己的贡献。每个人都要尽自己的一份努力，他们团结一起——宣传参战。在那些为高端出版物和成衣目录拍摄的时装照片中，很多

以机场、工厂为背景，颂扬女性的战争工作，同时提醒她们，承担男性的工作并不意味着她们必须放弃或牺牲美丽，即使从事最有男子气概的工作，也必须保持美丽的最佳状态。

妇女参战问题在大多数国家都引起了关注和辩论。在德国，直到1943年女性才被允许加入部队，在德国的宣传中，声称这是一个临时阶段，他们相信女性在很短的时间内就会回归厨房。但在盟国，战争初期就鼓励妇女在经济和工业生产中发挥积极作用。1942年，英国征召了年龄在25岁至30岁之间的单身女性和寡妇参与战时工作，事实上，在这次征召之前，许多人已经加入志愿组织或从事与战争相关的工作。在工厂里，女性被要求穿工装裤或休闲裤，尽管她们穿着非常舒适，但这些都被认为不时尚。有一些观点表示，他们担心女性由此变得过于男性化，因此人们并不禁止女性在工作时略施粉黛，在某些情况下，甚至积极鼓励女性化妆。口红特别受欢迎，当时流行的有"辅助"和"胜利"两种红色调唇膏制服衣袋里设计有专门的小口袋，方便随身携带唇膏。

发型问题当时也引起了无休止的争论。虽然女性被要求保持良好的风格，但这些服装往往出于安全考虑，并不能展现女性良好的风格在美国，以"躲猫猫"发型（一缕凌乱的头发不经意地遮住了她的脸）闻名的女演员维罗妮

右页图
这是为 Harper's Bazaar 杂志拍摄的两张照片，海军蓝拼白色丝绸套装，搭配爱德华·莫林诺设计的大衣，约1943年

卡·莱克（Veronica Lake）被要求改变她标志性的"维罗妮卡发型"，以鼓励女性在工厂工作时采用更安全的发型。对于大多数女性来说，围巾和头巾的遮盖提供了一种时尚的折中，而且不会破坏她们的发型。

对这种性别角色变化的担忧也可以从英国和美国的政府宣传中得到证实，这些宣传提醒女性，让自己看起来漂亮，保持士气是女性的国家职责。赛可莱思（Cyclax）等化妆品广告也强调了同样的信息，提醒女性们，从前线回来的军人丈夫希望看到一个漂亮的妻子，即使在工作时，她也应该涂抹口红，"为了值班时的美丽"。

虽然美国从来不缺化妆品（不像英国和德国，他们总是留出化学品以备战需），但到了1943年，欧洲大陆的女性不得不采用更自然的妆容，因为生产口红所需的材料已经告罄。这引发了一场大规模的抗议，但一切都无济于事。女性只好在甜菜根汁中寻找替代品。英国贸易局认为化妆品对战争至关重要，在整个战争期间只能尽最大努力确保口红的最低供应。其他化妆品更难买到，但机智拯救了这个时代：凡士林被用来延长眼影的使用时间，用于库存维修的梯子架的润滑油兼作指甲油，浓汤茶汁被用来涂黑腿部，给人一种穿有长袜的错觉。

法国——被占国的时尚

1940年春天，法国卷入了一场虚假战争——当时法国土地上还没有发生真正的战争，这场战争的影响在春季系列中显而易见。

之前的秋季系列是实用性和魅力的混合体：皮盖展示了一件双面羊毛"防空服"，斗篷可以折叠成毯子，而夏帕瑞丽则展示了一件带拉链的连体裤（粉红颜色令人震惊）。莫林诺设计了别致的睡衣，适合家庭和室内穿着；在浪凡首创的实用连衣裙和袋鼠口袋再次出现在夏帕瑞丽的设计中，穿着这些实用服装，那些不得不匆忙离开家的人可以把他们需要的所有东西藏在外套里。宽松式大衣、大量的皮草、针织衫和保暖的连帽针织连衣裙也在大多数系列中出现，这些设计体现了相当程度的爱国主义和战时精神。军装风格的夹克采用了飞机灰和法国土米色等颜色，甚至印有法国军旗的围巾也成了时尚。*Harper's Bazaar*对这种情绪进行了总结："法国人规定时尚必须继续下去……，每个人都应努力让自己尽可能优雅。"

到1940年春天，面向国内市场的服装变得越来越实用——更短的裙子和连衣裙是骑自行车的理想选择，更多的单件设计被引入，使服装具有多种用途。春季系列被称为"许可证系列"，这个命名基于那些被征召回国并完成服装廓形设计的时装设计师所获得的特殊许

右页图、下页图
三款午后小礼裙，两款设计有腰部褶饰短裙，一款设计有腰部围巾裙。*Très Chic*，约1940年

即将推出的新设计，袖子、衣领和皮草时装细节草图。*Idées (Manteaux et Tailleurs)*，1940年冬季

TrèsChic

CH. 49 026

CH. 49 027

CH. 49 028

cols,

manches

et

effets

d'autres

de fourr

可证，这表明时装贸易对法国文化和经济的重要性。

宣传提醒法国妇女，她们有责任坚持打扮自己，因为这向侵略者表明她们不会轻易被打败。但巴黎失守了，1940年6月14日黎明，第一批德国军队穿着雨果·博斯（Hugo Boss）设计精良的制服进入巴黎。他们占领了这座城市，法国北部已经处于德国的统治之下，尽管严格来说，法国政府仍在坚持中，不过它已经逃到了位于未被占领的南部地区的温泉小镇维希。

巴黎，德国军队进入了一个商店关闭的城市：剧院、咖啡厅、餐馆和高级时装沙龙都关门歇业，有些门面甚至用木板封钉起来。许多当地人都逃离了巴黎，一位同时代的观察家指出，这些"难民"穿着讲究，与其说是逃离战争，不如说是在参加一场时尚游园会。但没过几天，店铺就重新开张了，虽然有些店铺——包括克里德（Creed）、莫林诺（Molyneux）和曼波切——因为老板逃离了这个国家而继续关闭，但许多高级定制沙龙也恢复了营业。当年8月，纳粹当局下令，任何关闭的店铺都将被视为废弃并将没收，除非立即重新开业。随后，更多沙龙的开业就接踵而至了。

法国的边境关闭了，没有人可以进来，也没有人可以离开。同样，从北部进入南部非占领的地区也异常困难。随着整个国家陷入了政治、社会和金融动荡，再加上缺乏沟通，世界其他地方都以为巴黎的时尚业处于瘫痪之中。*International Vogue*，巴黎版的办公室就设在巴黎，在事前的一期中刊登了一组怪异的编辑照

片，照片中，在巴黎火车站，模特们坐在箱子上等待离开。世界认为巴黎的时尚界已经关门歇业是可以理解的，但实际上，占领期间高级时装仍在流行，虽然方式有所不同。

在被占领的四年里，大量的时装公司仍在营业，尽管这段时间时尚行业所经历的生存状况异常艰难。以历史后见之明来评估，对当时状况的研究留有诸多问题，即使在当代时尚研究中也很少讨论，只有罗·泰勒（Lou Taylor）和多米尼克·韦伦（Dominique Veillon）两人合作发表了一些开创性的、有争议的著述。这段黑暗的高级时装时期引发了多重而复杂的问题，但为了全面了解1940年代的时尚，我们必须关注这些问题。

如上所述，在占领初期，一些时装沙龙暂时或永久关闭。对此，行业管理机构，巴黎高级定制时装工会的主席卢西恩·勒隆表示了越来越多的担心。不仅女缝纫工、制版师、模特、女帽师和刺绣工匠依赖时尚谋生，还有许多配饰辅料产业，如鞋、束身衣、纽扣、丝带、羽毛和人造花饰制造商也是如此。这些工匠几乎没有可转移的技能，如果失业，将面临兵役。勒隆决定，作为工会的负责人，他的职责是确保工人的福利，因此必须努力保持行业的开放。后来，

右页图
时尚模特乔治亚·汉密尔顿的肖像，穿着克里斯汀·迪奥的裙子，戴着哈蒂·卡内基的帽子。尼娜·利恩为*Life*杂志拍摄的照片，1948年

也又为这一决定辩护说，巴黎保持开放不仅有助于法国的经济生存，而且有拒绝被占领者击败之意：保持开放是一种进取的姿态。

战后，有人对勒隆保持开放的决定及相关理由不太信服。主要的反对意见集中在战争时期奢侈时装的继续生产上，当时世界上的其他地方（实际上是法国的其他地方）都生活在配给制和紧缩政策中，还有谁会购买这些时装。事实上，这争论都是合理的，应该加以关注。

随着占领的开始，外国人不允许参观秀场，更不用说购买高级时装了，客户大多来自中立国或德国盟国。实际上，这意味着只有德国、奥地利、西班牙、瑞典和葡萄牙的客户可以继续购买高级定制服装。考虑到战前超过三分之一的巴黎时装卖给了美国客户，另外三分之一卖给了其他外国买家，这些市场的损失是巨大的。除此之外，法国顾客的大幅减少，尤其是因为许多富有的犹太高定顾客逃离了这座城市（如果不是逃离这个国家的话），这让行业陷入了可怕的困境，从技术上讲，它陷入无法应对其日常运转的窘境。与普遍的看法相反，巴黎在被入侵后，德国客户也是非常有限，只占买家的一小部分，微不足道。

然而，代替那些已经消失的客户，是两个"有问题"的新客户群体，他们开始占据这个位置。他们是那些与纳粹合作的工业精英，以及那些利用 BOF 大发横财的商人。BOF 是法语词 Beurre、Oeufs 和 Fromage（黄油、鸡蛋和奶酪）的缩写——黑市商人通过这些象征性的产品积累了他们的新财富。这些人在占领时期的所作所为增加了法国同胞的苦难。虽然时

尚行业被错误地指控在战争期间向德国人出售高定服装，但他们的销售对象肯定包括这两类新的客户群体，并从中有所获利。

这些"暴发户"顾客受到了正直商人礼貌的鄙视，克里斯汀·迪奥（Christian Dior）说，战后他们会穿着小黑裙被枪毙。但是，这个新的庸俗的客户群体对维系巴黎时尚产业的稳定也起到了重要作用，不管他们的钱有多脏，至少他们希望保持这个行业的开放。其实在希特勒眼里，他对高定产业的未来有非常清晰的想法：他坚决主张关闭巴黎的高定产业，并将其迁往柏林和维也纳，以实现他的梦想，让这两个城市成为新世界的时尚之都，并以此羞辱法国人。

针对希特勒的这一举措，卢西恩·勒隆提出了坚决的反对，理由是这会导致巴黎数千名技术工人失业，他们是该行业的支柱，没有这些经验丰富的工匠，高级定制行业是不可能发展的。同样，他强调法国客户不会去柏林或维也纳购买时装。在与他的第一次会面后，德国人同意让高定时装留在巴黎，至少暂时如此。第二年 2 月，勒隆再次与当局会面，要求在即将实行的配给制度下为高级定制系统提供特殊地位。他的理由是，高级定制需要一定数量的材料，需要获得奢侈的面料、毛皮和装饰，以确

左页图

克里斯汀·迪奥设计的淡蓝色丝缎宽下摆连衣裙，让·德塞（Jean Dessès）的紧身丝绒锦缎连衣裙，设计有青果领。*Album du Figaro*，冬季系列，1947 年

保质量。勒隆又一次成功地让当局同意了他的主张，高定服装因此继续独立于配给券的销售系统，尽管当时的法国顾客必须从德国当局那里获得高级定制服装卡，此外，购买所有商品都要支付相当高额比例的奢侈品税。

也是在这个时候，德国人赋予自己权力，决定哪些品牌有资格获得这种特殊的高级定制地位，哪些品牌必须关闭。最初允许开放的高级定制沙龙数量设定为35个，但在谈判过程中，勒隆成功将这一数字增加了近两倍。授权取决于严格遵守"设计系列展示和构成"的相关规定[7]。随着占领的持续，时装设计师被允许展示的廓形数量下降了，个别服装使用的最大码数也降低了。然而，需要注意的是，后者的上限仍然大大高于英国和美国的紧缩令的相关要求，与法国的配给制相比确实非常慷慨。格雷丝夫人（Madame Grès）的设计沙龙被关闭了几次，要么是因为她著名的褶皱设计超过了规定的码数限制，要么是认为她的设计有故意冒犯占领者的嫌疑。但是这个行业的麻烦还不止于此。在另一个会议上，纳粹要求80%的高级定制工匠被重新部署到军工行业。勒隆的谈判技巧再次受到了考验，显然他取得了巨大的成功，最终的数字是3%。在战争期间，1.2万名工匠留在了高级定制服装行业[8]。据说，卢西恩·勒隆总共参加了14次与纳粹官员的会议，以保护时装产业，直到1944年，盟军的推进才使时装产业免于全面关闭。

就其风格而言，法国时装的演变就好像真的是"一切照旧"。只是腰部变小了，臀部变大了，布料大众化了。19世纪的影响在1930

年代后期逐渐渗入时尚界，并在1939年秋季的时装系列中清晰地表现出来，这种影响体现在喧闹而饱满的裙子上。帽子已经达到了高耸的高度，好品味中不乏调情弄骚。尤其是这些帽子，让1944年8月解放后第一批抵达巴黎的记者和摄影师们大开眼界。当他们看到巴黎女人穿着宽大的裙子和定制的刺绣夹克时，他们简直不敢相信自己的眼睛。更令人震惊的是，在整个占领期间，有近100家沙龙仍在营业。这则新闻被认为有所失实，以至于美国官员试图压制它，阻止它传播到国际读者面前。这一尝试失败了，当这则新闻报道传遍世界时，愤慨、厌恶和愤怒油然而生。在那个非黑即白的时代，产生这种情绪实属自然。

尽管当时的消息来源称这是一种合作，但近80年后，我们很难对第二次世界大战期间的高级定制时装的生存状况做出全面的道德判断：虽然所有这些都可以根据它们迎合的客户进行评判，但任何"判断"都需要根据具体情况进行考量。的确，许多沙龙保持开放，但他们的选择和态度可能完全不同：在纳粹占领的巴黎，杰奎斯·菲斯（Jacques Fath）和Nina Ricci经常被看到与军队混在一起，罗莎（Rochas）公开反犹太人，格雷丝夫人通过展示爱国的红、白、蓝服装故意嘲弄占领者。海姆（Heim）本人就是犹太人，他躲在蒙特卡洛的

右页图
好莱坞女演员珍妮特·布莱尔身穿粉色雪纺
低胸晚礼服，搭配彩色珠宝，1949年

时候一直开着沙龙。香奈儿在战争开始时曾关闭了沙龙，不能据此认为她就比那些保持营业的人更有道德，尤其是考虑到她在战时的大部分时间里都和她的德国军官情人躲在丽兹的私人公寓里。她的主要竞争对手夏帕瑞丽的沙龙继续营业，由员工们经营，而自己则去美国巡回演讲，为战争慈善工作筹集了大量资金。回溯性判断并不困难，但无论人们选择何种感受，在历史后见之明的帮助下，所涉及的是一个一个的个人问题。

然而，要理解历史，有必要了解1944年有关巴黎高级定制时尚新闻给世界其他地区带来的震惊。外国媒体对巴黎第一批公开展示的时装系列进行了谴责，既出于艺术判断，也出于偏见蔑视。事实上，在1945年和1946年的系列中，很少有国际买家回到这座城市。巴黎试图安抚世界，通过降低其奢华程度，尽量与纽约和伦敦低调的时尚风格保持一致，以扫除笼罩在其声誉上的乌云——这一举措表明在恢复时期，巴黎设计仍在限量供应，继续遵守紧缩生产的规定，其销售符合国家法规——但收效甚微。到1946年秋天，高级时装产业濒临消失。

纽约时尚编辑埃德娜·伍尔曼·蔡斯（Edna Woolman Chase）早在1944年底就试图转化危机，她给卢西恩·勒隆提供了一个在 *Vogue* 上"解释"自己的机会。勒隆强调，巴黎的设计师对实用性等规定在其他国家的执行情况一无所知。他解释说，服装业之所以决定在占领期间继续开放，是为了维护工人的就业和时尚的传承。虽然他承认，与其他地方生产

的服装相比，巴黎被占领时期的时装似乎很奢侈，但他说，法国多一码奢侈，就能减少一码运往德国的材料，他为所谓的奢侈进行了大肆辩护。

这种讨论对巴黎时尚业的生存产生负面影响，对此，美国时装编辑有敏锐的意识，他们采取了一个大胆的举措，对1947年夏季时装系列进行了积极的评价，此时，一位新的时装设计师克里斯汀·迪奥的出现，破解了僵局。尽管迪奥曾在勒隆手下接受培训，但他的才华和创业精神吸引了法国首富马塞尔·布萨克（Marcel Boussac）的注意。布萨克是一位纺织实业家，曾为德国军装制作布料。他们在前一年达成了一项协议，布萨克为迪奥之家提供资金，交换条件是迪奥承诺大量使用布萨克生产的面料。迪奥的第一个系列很快就赢得国际声誉，称为"新风貌"，与战争期间大多数人所知道的时尚相比，它所提供的设计是如此的夸张和奢侈，以至于全世界都不得不站起来，投以关注的目光。

1947年，英国和美国在时尚方面似乎还停留在战争时期，巴黎（更确切地说，迪奥）用蜂腰、柔软的肩膀和宽下摆的裙子向世界展示了时尚的未来，再加上一顶配有面纱的精致小帽子。美国 *Harper's Bazaar* 的编辑卡梅尔·斯诺（Carmel Snow）对"新风貌"服装赞不绝口，以至于到当年年底，这个系列被冠以官方命名为"花冠"，自此这一名称享誉世界。事实上，这种廓形并不新鲜，也不是相较于过去的一种突破：自1939年以来，这种受19世纪启发的廓形在法国就逐渐流行。

在1945年和1946年的系列中，已经有几个设计师展示了类似的晚装廓形，但是迪奥将这种优雅的晚装转变为奢华的日装。然而，对于那些没有目睹过这种演变的人来说，的确焕然一新。

迪奥通过束身衣，裙撑风格的裙子，较低的裙摆，将廓形回归到完美的沙漏型，受到了时尚编辑们的赞扬，当然并不是每个人都为此着迷。在英国，这种时尚立即被工党政府成员嘲笑为荒谬和浪费；在美国达拉斯城，成立了"仅过膝盖俱乐部"（Little Below the Knee Club），以抗议倒退的时尚，这种迪奥的廓形再次遮住了女性的双腿，从而阻碍了身体活动。即使在巴黎，穿着最新时装的模特在户外拍照时也遭到不满市民的攻击，他们抗议这种公然的精英主义，反对他们不顾许多人仍生活在水深火热之中。

克里斯汀·迪奥并不是唯一一个推广这种廓形的设计师，杰奎斯·菲斯和皮埃尔·巴尔曼（Pierre Balmain）也推出了类似的设计，它也不是1947年期间出现的唯一变化：窄裙、朴素风格、剪裁考究的西装套装和不太正式的鸡尾酒会礼服都出现了。还必须记住的是，在新廓形出现的1947年，目睹了传统廓形的延续：迪奥提出了女性化的圆形肩部，此时，方形肩部的时尚已经流行了十年，同时，紧身剪裁的廓形也逐渐风靡。

当涉及大众接受度时，新风貌廓形没有立即获得普遍成功的原因之一是成衣制造商意识到他们很难以合理的价格提供这种时尚。要做这类时装，他们要么提高价格（在战后经济中被认为是不可能的），要么放弃利润（同样荒谬的提议）。虽然发展缓慢，到1947年末，美国的休闲装开始效仿迪奥，尽管风格经过调整，减少了裙摆量，去除了裙装上的衣骨，变得更加舒适。大约在同一时期，西尔斯百货的商品目录推出了灵感来自"新风貌"的裙子、连衣裙和套装。全球各地的女性杂志都刊登文章，指导读者如何自主调整裙子的长度，方法是通过下调裙子的育克，也可以编织饰带穿插于空隙间创造出一个"迷人的图案"[9]。自此，"新风貌"廓形风靡一时，并主宰了1950年代。

回眸林林总总的设计手绘图和照片，的确能品味1940年代时尚故事的精彩趣味。但把这些设计置于战争背景下，我们能发现战争在很多方面阻碍了风格的改变，甚至在战后的岁月里，人们仍能看到战时风格的延续，变化甚微。然而，当我们从更大的角度思考，并研究这些服装产生的文化、社会、经济和政治背景时，一个全新的、令人难以置信地迷人的、有时也存在巨大问题的历史画卷会逐渐映入眼帘。

正如本文一开始所说，1940年代的时尚被第二次世界大战及其余波打上了不可磨灭的烙印，因此，这是一个关于战争与和平、拒绝与延续、简朴与奢华的故事。在战争时期谈论时尚的确困难重重，但如果完全回避这个问题，宣称它无关紧要，甚至更糟，假装它根本不存在，就等于丢失了一段具有国家、国际、经济、政治和社会重要性的历史。对此，许多出版物仍未给予足够的关注，忽视这个十年的前五年，就不可能理解后五年，因此也就不可能理解整个十年。

53. Cette robe peut être exécutée en deux-pièces ou d'une seule pièce. La basque découpée rappelle l'empiècement du corsage qui prend les épaules. Métr. : 3 m. en l m. 30. ● 54. Le lainage et le velours s'associent dans cette robe simple pour souligner la découpe qui accompagne le col. Métr. : 2 m. 75 en l m. 30. ● 55. Robe en lainage fin, simplement coupée de panneaux qui se détachent en pli à la jupe, la manche tient à l'empiècement à la couture qui suit celle de l'épaule; une pince reprend l'ampleur de la taille devant et dos. Métr. : 2 m. 75 en l m. 30. ● 56. Nouvelle par sa ligne des hanches et son corsage souple, cette robe en lainage est garnie d'une ceinture drapée et s'ouvre en pointe sur un petit gilet boutonné. Métr. : 2 m. 75 en l m. 30. ● 57. Cette robe très nouvelle avec

sa basque montée... deux-pièces, elle... Métr. : 2 m. 75... garni de renard... en double basque... jupe étroite. Métr... choisirez un créne... la ceinture marqu... qui accompagnent... 0 m. 90. ● 60. ... l'ampleur à la ju... par une grosse... prolongeant de c... ferme dans le dos.

注释:

1. Wilson, E. (2005), *Adorned in Dreams: Fashion and Modernity*, p. 3.

2. Walford, J. (2011) *Forties Fashion*, p. 6.

3. Walford, J. (2011) *Forties Fashion*, p. 19.

4. 1942年，美国西尔斯百货公司称"阿尔卑斯村姑裙"只适合旅游或海滩度假时穿着。

5. 在战争期间，这种女性理想面临很多挑战。被征召的男性越多，女性接手工作的需求就越大。然而，战时工作对妇女的需求，与纳粹党鼓吹的妻子和母亲理想格格不入。因此，在德国，直到1943年宣布全面战争，宣传口径才开始有针对妇女的招募。见: Guenther, (2004), Nazi Chic: Fashioning Women in The Third Reich, p. 145.

6. Walford, J. (2011) *Forties Fashion*, p. 17.

7. Walford, J. (2011) *Forties Fashion*, p. 146.

8. Lou Taylor in Chic Thrills by Ash & Wilson (1993), p. 131.

9. *Le Petit Echo de la Mode*, 1948.

右图

一组精选的日装、午后礼服和晚礼服的设计，展现了1947年的主要廓形样式；宽下摆裙和直裁窄摆裙，都是至小腿和及地长度的版本。*Modes et Travaux de Paris*，1947年10月

l'élégante

robe d'après-midi que vous pourrez exécuter en lainage est nouvelle avec sa basque fermée sur la hanche et la berthe qui borde le décolleté. Métr. : 3 m. en 1 m. 30. ● 62. A ce modèle, exécuté en lainage, des incrustations de bandes de velours soulignent la taille et dessinent les hanches, cette garniture se retrouve au bas des manches. Métr. : 2 m. 75 en 1 m. 30 de lainage. ● 63. A cette robe, le drapé du corsage partant des épaules se croise au-dessus de la taille et se fixe par un noué dans le dos, l'ampleur de la jupe est reprise à plis. Métr. : 4 m. 50 en 0 m. 90. ● 64. Des motifs pailletés noir ou or garnissent cette robe le décolleté bateau est refermé par un léger drapé. A la jupe, un panneau de plis groupe l'ampleur sur le côté. Métr. : 4 m. 50 en 0 m. 90. ● 65. Simple, mais très nouvelle avec sa basque

qui se détache sur la jupe, cette robe est ornée de motifs pailletés qui soulignent le mouvement croisé du corsage et le montage de la basque. Métr. : 4 m. 50 en 0 m. 90. ● 66-67. Cette blouse en tulle travaillée de petits plis se portera avec une jupe longue ou courte qui sera faite, soit en faille, soit en crêpe mat. L'ampleur de la jupe est reprise à plis. La jupe courte évasée est travaillée de plis au-dessus de l'ourlet. Métr. : 2 m. 50 de tulle pour la blouse; 3 m. 25 de faille en 0 m. 90 pour la jupe longue; 2 m. 25 pour la jupe courte. ● 68. Pour le soir, blouse en mousseline très floue, froncée aux épaules, et drapée en un mouvement croisé qui se termine par un noué de côté. Jupe en gros crêpe mat croisée de côté. Métr. : 2 m. 50 de mousseline en 0 m. 90; 2 m. 25 en 0 m. 90 pour la jupe longue.

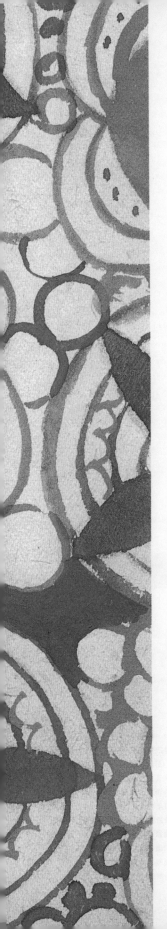

日装

上图

女演员薇拉·佐瑞娜身穿酸橙绿色配黑色套装，夹克设计有尖状下摆夹配高腰裙，头戴一顶淡黄绿色草帽，帽上装饰有花朵和浅黑色面纱。领口饰有镶嵌着碧玺和红宝石的衬衫夹。福克斯影业，1940年

右页图

女演员路易丝·普拉特身穿一件白色鲨鱼皮织纹套装，是四件式套装的一部分，由格拉迪斯·帕克（Gladys Parker）设计。她的双排扣无领夹克设计有全长的宽袖，用镀金纽扣固定，头巾由火红色的弹力真丝制成。头巾是1940年代最流行的配饰，有各种各样的形状、颜色和材料。从好莱坞专为特权阶层设计的独家设计师系列，到西尔斯百货为美国中产阶级设计的商品目录中，头巾在每个系列中都有出现，在对应各阶层的市场都有销售。新闻图片，1940年

HR-F32-H-3

上图

女演员奥兰普·布拉德娜身着日装女裙套装，
配有腰部饰带和领结，头上戴着宽檐草帽，手
上拎着一个小皮包，脚上穿着镂空高跟鞋，风
格协调一致。派拉蒙影业，约1940年

下图
模特正在试穿一套实用套装。詹姆斯·贾奇
(James Jarche) 为 *The Daily Herald* 拍
摄的照片

左页图

舞台女演员埃斯林德·特里穿着宽松长裤，圆齿饰边的棉质衬衫，搭配白色休闲头巾和绒面革莫卡辛鞋，摄于一个军用机场。这张照片用于宣传活动，旨在鼓励女性参加战争工作。每个人，不管名声、阶级和财富，大家必须团结在一起，尽自己的一份力

上图

女演员珍妮·卡格尼身穿灰色鲨鱼皮织纹运动套装，内搭双绉定制棕色衬衫，头戴棕色毛毡帽。派拉蒙影业，1940年

日装

上图

羊毛针织面料制成的灰色连衣裙，裙身绣制有灰色和红色图案。*Buffalo Evening News*，1940年

上图

三件式套装，包括有黑色毛呢裙、白色亚麻衬衫和嵌有黑色滚边的红色波蕾诺短外套。*Buffalo Evening News*，1940年

上图

女演员艾达·卢皮诺身穿两件式羊毛拼接天鹅绒裙装，搭配绿宝石胸针和一条大银狐毛皮披肩。*Buffalo Evening News*，1940年

上图

女演员简·怀曼身穿棕色斜纹女裙套装，上身拼接有金色面料制成的领口和环状衣领，配上一对金色钥匙形装饰夹，搭配顺色头巾。
Buffalo Evening News，1940年

日装

上方左图、右图、右页图

绿色日装连衣裙，设计有工字褶裙裙摆，和两款女士衬衫。*Très Chic*，约1940年

三款日装连衣裙。*Très Chic*，约1940年

三款两件式的日装套装。*Très Chic*，约1940年

Très Chic

CH. 490 19

CH. 490 20

CH. 490 27

CH. 490 22.

27.

下方左图、右图，右页图
一款设计有蝴蝶结领的黑色日装大衣，一
款印花夏日连衣裙，一款粉色定制大衣，一
款带毛皮镶边钟形袖的晚礼服。*Très Chic*，
约1940年

三款两件式午后礼服套装。*Très Chic*，约
1940年

两款午后礼裙，一件是衬衫式连衣裙，另
一件是饰有蕾丝的连衣裙搭配宽下摆大衣。
Très Chic，约1940年

CH.483 60   CH.483 61

CH.483 59

日装

上方左图、右图，右页图

三款午后礼裙套装。*Très Chic*，约1940年

三款夏季午后礼裙，其中一件明显受民间风
格的影响。*Très Chic*，约1940年

三款收腰、肩部造型突出的午后小礼裙。*Très
Chic*，约1940年

Très Chic

CH. 483 56

CH. 483 57

CH. 483 58

上方左图、右图，右页图
三款午后小礼裙，其中一款后部是巴斯尔裙
式设计。*Très Chic*，约1940年

三款设计有A形下摆的日装大衣。*Très Chic*，约1940年

三款印花丝绸连衣裙，其中两款袖型为德尔
曼袖。*Très Chic*，约1940年

TrèsChic

CH.483 20

CH.483 21

CH.483 22

日装

下方左图、右图

三款午后礼裙套装，宽下摆裙搭配定制的外套，衣身有精致的细节。*Idées (Manteaux et Tailleurs)*，1940年夏季

三款两件式套装，分别是百褶裙搭配长款外套，多片式宽下摆半裙搭配收腰外套，宽下摆半裙搭配夹克，其后部有巴斯尔裙式的设计撑。*Idées (Manteaux et Tailleurs)*，1940年夏季

下方左图、右图
两款灰色的女裙套装，配粉色衬衫；另一款
是灰色连衣裙，搭配粉色腰封式腰带。*Idées
(Manteaux et Tailleurs)*，1940年夏季

三款淡蓝色裙子搭配波蕾诺外套的套装。
Idées (Manteaux et Tailleurs)，1940年夏季

Très Chic

CH.483.40

CH.483.38

CH.483.39

上方左图、右图
三款午后礼服套装，包括两款连衣裙和一款
束腰外衣，内搭直筒裙。短裙特点突出，口
袋和衣领上装饰了民族风格的刺绣，这种风
格在1930年代末和1940年代初非常流
行。*Très Chic*, 约1940年

三款午后小礼裙。*Très Chic*, 约1941年

页图
款小碎花连衣裙。小花形图案印花面料更
次迎，因为易于裁片拼合，从而减少面料
良费。*Très Chic*, 约1940年

日装

上图

女演员伊丽莎白·罗素身穿一件金色羊毛丝绉午后小礼裙，前身饰有垂褶，搭配锥形无檐帽，手拎大号束口包，肩部佩戴金色字母胸针，均由埃莉诺·詹金斯设计。国际新闻图片，1940年

右页图

女演员罗莎琳德·拉塞尔身穿阿德里安设计的服装，阿拉伯头巾帽搭配皮革露趾高跟鞋，引领了热带风情潮流，约1941年

上图

女演员盖尔·帕特里克在加州棕榈泉身着度假装，腰部打结式衬衫搭配蓝色牛仔裤和牛仔靴。通常，人们认为假期应该脱下正装，换成休闲装。与目的地相搭配的服装尤其流行，比如这种牧场风格的服装。米高梅（MGM）影业，1941年

左页图

女演员琼·派瑞身着淡紫色亚麻演出服，衣身装饰紫色和绿色的刺绣花朵。这件衣服展示了一种朴实的时尚"墨西哥"风格刺绣。摄影：艾尔默·弗莱尔。华纳影业，1941年

上方左图、右图，右页图

三款午后小礼裙：一款设计有腰部装饰，一款设计有工字褶裙摆，另一款裙身背面设计有两片折叠饰片。*Très Chic*，约1941年

三款午后女裙套装。*Très Chic*，约1941年

三款午后小礼裙。*Très Chic*，约1941年

Très Chic

CH. 488 40

CH. 488 39

CH. 488 38

上图

女演员简·兰道夫身穿黑色长裤套装，内搭白色镂空领衬衫，配黑色小领结。外套的肩部造型通过裁剪，使用厚实的材料并辅以垫肩来得到突出。兰道夫在好莱坞发展并不顺利，到了1940年代中期，开始出演B级电影。雷电华影业，1942年

左页图

夏日定制休闲套装，高腰休闲裤搭配花卉图案短袖衬衫、软木坡跟皮凉鞋，腰间系配套腰带。摄影：雷·琼斯。环球影业，1941年

上图、右页图
模特们穿着由诺曼·哈特内尔为Berke▮
（品牌名）设计的实用时装系列。摄影：詹
斯·贾奇（James Jarche），1942年12▮

两名时装模特在贸易委员会实用服装展▮
进行展示工作。伦敦，1942年9月22▮
左边是一套伦敦西区原创的服装，而右边
批量生产的同款服装。

Model L-1022
New Ladies' Slacks
Featuring Belt Loops
Two Pleats turn in

Model L-1023
Smart New Slacks
Featuring Wide, Two-button Waistband
Two pleats turn out.

左页图
定制的休闲裤搭配印花衬衫、宽檐草帽和帆布鞋。虽然很多人反对女性穿裤子，但休闲裤舒适，便于女性从事家务活动，以及参与战争工作。这些量身定做的"时尚"休闲裤，成为新女性衣橱的一部分。摄影：G.托尔内洛，1942年

上图
两款定制的女士休闲裤，搭配休闲衬衫。图片艺术公司，1942年

日装

左页图

女演员盖尔·帕特里克头戴阿拉伯风格淡紫色塔布什帽，帽周用对比鲜明的条纹头巾围裹，身穿运动款连衣裙外搭埃及棉缎长袍。这张照片配上文字说明："在高高的梯子上，盖尔·帕特里克伸手去摘金黄熟透的高热量枣"。几乎可以肯定，图片和说明文字都被用于一场运动，以鼓励人们在食物稀缺的时候尝试新的营养食物。米高梅影业，约1942年

上图

女演员帕特里夏·戴恩身着黑白铅笔条纹棉质定制西装。裙子有15厘米（6英寸）的前中开衩，便于身体活动，合身外套从腰部至下摆有两个反向的翻边设计。米高梅影业，1942年

Model L-1001
ONE-BUTTON NOTCH LAPEL MODEL

Lower Piped Pockets
Breast Welt Pocket
Skirt—Four gore

Back for both models

Model L-1002
TWO-BUTTON PEAK LAPEL MODEL

Slanting Piped Pockets
Breast Welt Pocket
Skirt—Eight gore

上图、左页图
这两套单排扣女裙套装符合美国对服装
制造商施加的紧缩限制。图片艺术公司，
1942年

好莱坞女演员罗莎琳德·拉塞尔身穿黑色套
装，上衣是无袖设计，长度至臀围，内搭白
色真丝衬衫，约1942年

日装

IRIS Nr. 40

上图、右页图
夏日度假款连衣裙，其中一些款式显示出民
族服饰或民俗的影响。尽管纳粹党提倡传统
服装，认为它是唯一正确的风格，但对此，
时尚制作人和时尚杂志心存疑虑，他们在设
计中只采用了黑森林少女样式的某些元素。
Iris Magazine，莱比锡，1942年夏季

人造纤维制作的实用款夏日连衣裙。*Iris
Magazine*，莱比锡，1942年夏季

7342 und **43** Sommerkomplet aus Kunstseide, Shantung oder Leinen. Der breite Miederteil des Kleides 7343 wird vorn geknöpft, aufgesetzte Brusttaschen. Die Taschenpatten am Hängermantel 7342 haben dieselbe Form wie jene des Kleides. Schnittgr. 44.

7344 und **44 A** Hochsommerkomplet aus Druckseide. Eingesetzte Faltenbahnen erweitern den Rock des Kleides 7344, es ist am Ausschnitt mit einer Schleife abgefertigt. Dazu eine Hängerjacke 7344 A mit plissierten Brusttaschen. Schnittgr. 44.

7345 Jugendliches Sommerkleid aus gemusterter Seide. Gürtel sowie Blenden in der Farbe des Musters. Schnittgr. 42.

7346 Elegantes Sommerkleid aus geblümtem Chinakrepp, vorn geknöpft. Blusiger Oberteil mit anmutigem Jabot. Schnittgröße 42.

7342

7343

7344A ↗

7345

7344

7346

日装

上图

女演员布伦达·马歇尔身由露艾拉·巴莱
里诺（Louelle Ballerino）设计的黑色亚
麻两件式"戏装"。衣服上的金莲橙色织带
较为醒目，搭配一顶配套的黑色亚麻宽檐车
轮帽（cartwheel hat）。摄影：威尔伯恩，
华纳兄弟影业，1942年

上图
女演员弗吉尼亚·格雷身穿一件"帆船裙",
之所以这么叫是因为它的灵感来自中南美
洲停靠的帆船——这条裙子由鹦鹉绿色棉
布制成,上面有红、白、黄三色刺绣。国际
新闻图片,1942年

左图、右页图

纯棉女裙套装，内搭罗纹针织毛衫，搭配鳄鱼皮露跟露趾高跟鞋、漆皮手包，绒面手套、珍珠项链和一顶羽毛装饰的蒙哥马贝雷帽。宽松的外套清楚地显示出受男装裁的影响和对舒适的需求。这是一张来美国成衣公司的参考照片，仅供他们存档用，约1942年

女演员布伦达·马歇尔身穿白色日装套前门襟缝有贝母纽扣，胸前饰有贴片细白色宽檐帽、大号皮革手包和相配的手套配出一身休闲的乡村俱乐部造型。摄影凯勒·克雷尔，华纳兄弟影业，1943年

Style for Busy Days

Something to treasure now and the year 'round . . . a basic frock of spun rayon and cotton for your wear-everywhere wartime wardrobe that has dateless lines, lasting smartness!

Every woman loves a princess style . . . the flattery of the snug lines making a whisper of your waistline and your silhouette a thing of grace. The self half belt has a buckle imprinted to the buttons fastening the frock on the side. There's unsurpassed smartness in the polka dot texture, and you can alternate it with solid colored ones.

You'll love the cute costume jewelry fob fastened near one shoulder, and the freedom afforded by the pleats in the front of the skirt.

It's a frock that is priced low enough to enable you to get it in each color, and will serve you devotedly on any occasion!

This garment should be dry cleaned for best results

Style 571
ONE-PIECE

Colors: Clearsky Blue (Brown collar); Siren Red (navy collar)

Sizes: 12, 14, 16, 18, 20
Lengths: 41, 41½, 42, 42½, 43

Price **$3.98**
Deposit 65
Balance . . . 3.33
(Plus 15¢ C. O. D. Fee)
We pay postage

Stripes in Flower
on a Sanforized Shrunk
easy-to-slip-into coat dress . . .
designed for active wardrobe duty!!

Guaranteed Washable IF Washed in accordance with the instructions on the tag
Sanforized Shrunk

Style 569 comes in Dusky Rose and Black, as pictured

Material: "Southern Beauty"
(Sanforized Shrunk Poplin)
35 inches wide

Price . . . . $0.50 per yard
Deposit 20
Balance 20

Style 569
ONE-PIECE

Colors: Dusky Rose and Black; Blue and Canary

Sizes: 14, 16, 18, 20, 40, 42
Lengths: 41½, 42, 42½, 43, 43½, 44
(2-inch hem)

Price **$3.98**
Deposit 65
Balance . . . 3.33
(Plus 15¢ C. O. D. Fee)
We pay postage

Stripes in flower . . . in an adorable coat-dress that will make you a new you . . . Flattering as jasmine blossoms in your hair!

Cleverly designed buttons fasten all the way up front — you can don and doff this frock in a jiffy. The tailored collar is open, with notched lapels. A self fabric belt loops over at the front and deep, step-out pleats make the skirt just what you want.

This frock is completely washable. Glad? Well, there's more good news . . . it's **Sanforized Shrunk!** Yessiree — you can suds and tub it with the utmost confidence 'cause the fine poplin fabric retains its freshness!

What more than this can you ask of a frock . . . to take you smartly to any place — party or meeting, to give you seasons of good wear, to flatter you with every wearing . . . all for a sum almost unbelievably low!

DRESS TAILORED FOR ALL-DAY WEAR!

Style 729
ONE-PIECE

Colors: Caravan Green; Gypsy Tan

Sizes: 12, 14, 16, 18, 20, 40
Lengths: 41, 41½, 42, 42½, 43, 43½
(2-inch hem)

Price **$7.98**
Deposit . . . 2.25
Balance . . . 5.73
(Plus 15¢ C. O. D. Fee)
We pay postage

Style 729 comes in Caravan Green, as pictured

Fabric: "Classic Gabardine"
(Fine Rayon Gabardine)
39 inches wide

Price . . . . . $1.10 per yard
Deposit 20
Balance 20

Take your place in action in this shirtwaist classic . . . But notice the fine points that make it a dress of distinction and vastly different than the ordinary! It's tailored to a "T" and glamorous too!

This dress will be the busiest thing in your wardrobe! The flaps resemble pockets on the waist and are notched so as to repeat the outline of the collar. Long, full sleeves that are graceful and comfortable add to its many charms. The skirt is unique, gored and subtly flared with a fly front and a deep box plait both front and back and two spacious pockets! A real leather belt adds a correct touch.

An integral part of your wartime wardrobe when styling, beauty and durability means so very much! Remember to run the money you save by buying the Fashion Frock way for War Bonds and Stamps.

This garment should be dry cleaned for best results

Daywear

上图

细格人造丝针织两件式女裙套装的款式面
料样卡。时尚女装公司，约1943年

左图、左下图、右下图

灰色斜纹切斯特菲尔德大衣的款式面料样卡。时尚女装公司，约1943年

设计有工字褶半裙的格纹两件式套装的款式面料样卡。时尚女装公司，约1943年

棕色花卉印花人造丝棉连衣裙的款式面料样卡。时尚女装公司，1943年

下图
红色波点人造丝（译者注：Crown Spun Ray-
on，一种人造丝的品类名称）印花连衣裙的款式
面料样卡，由好莱坞新星菲莉斯·布鲁克斯代言。
时尚女装公司，约1943年

Stripes for .. *Wardrobe chic!*

WORN IN HOLLYWOOD BY—

Margaret Hayes

Wear it now without a coat —
all thru winter under a coat —
a good investment !

Guaranteed Washable
IF Washed
in accordance
with the instructions
on the tag

Style 532
ONE-PIECE

Colors : Woodsman Green ;
Lumber Tan

Sizes : 14, 16, 18, 20, 40, 42
Lengths : 41½, 42, 42½, 43, 43½, 44
(2-inch hem)

Price **$6.98**
Deposit . . . 2.10
Balance . . . 4.88
(Plus 12¢ C. O. D. Fee—
We pay postage)

Style 532 comes in Woodsman Green,
as pictured

Lumber Tan

Material: "Fashion Hi-Striper"
(DuPont Rayon)
39 inches wide

Price . . . .$0.98 per yard
Deposit . . . . .30 " "
Balance . . . . .68 " "

For Further Information
Please SEE OTHER SIDE ➡

上图
绿色和白色条纹杜邦人造丝衬衫裙的款式
面料样卡，由好莱坞女演员玛格丽特·海斯
代言。时尚女装公司，约1943年

上图

深绿色杜邦人造丝和杜邦人造丝羊毛混纺女
裙套装的款式面料样卡，由好莱坞女演员薇
达·安·伯格代言。时尚女装公司，约1943年

日装

左图、左下图、右下图

灰色和樱桃红格纹人造丝羊毛混纺女裙套装的款式面料样卡。时尚女装公司，约1943年

绿色配红色crown人造丝女裙套装的款式面料样卡。时尚女装公司，约1943年

灰色杜邦人造丝华达呢裙系带大衣款连衣裙的款式面料样卡。时尚女装公司，约1943年

下图
鲜红色衬衫连衣裙的款式面料样卡，胸前饰
有涡卷形贴花图案，由好莱坞女演员玛丽·威
尔逊代言。时尚女装公司，约1943年

Daywear

上图

印花丝绸日装连衣裙，方形肩部，裙侧饰有荷叶褶饰，搭配露跟皮革高跟鞋，饰有羽毛和网状面纱的小草帽和帆布手提包。这种帽子是战时流行的男性风格的帽子。*American*，约1943年

右页图

短袖亚麻女裙套装，上衣饰有珐琅纽扣和双排口袋。整套服装搭配白色漆皮手提包、钩针编织手套、露趾绒面革鞋和饰有网状面纱的白色毛毡帽。*American*，约1943年

SIDE Buttons for FRONT Page News!

The tidy look — new look for this season!

Here it is in a dashing frock with buttons scampering down the side to fasten it in the popular side-closing. The tailored collar has a neat, stand-at-attention look. The yokeline is gathered, and there's a handy little pocket on the bodice. Another pocket is tilted nicely at your hipline on the skirt. The long, deep pleat in the front of the skirt is a desirable feature, as is the self fabric belt with its cross-over buttoning.

An all-season frock you can easily launder and be assured it will always look tidy and neat — as unruffled as a becalmed boat and practical as a permanent!

Take advantage of Fashion Frocks' low prices — made possible by their direct-to-customer policy. You benefit by their saving. You are given quality and smartness in frocks priced less than half you'd have to pay elsewhere!

Guaranteed Washable
IF Washed
in acordance
with the instructions
on the tag

Style 567
ONE-PIECE

Colors : Derby Red; Jockey Blue

Sizes :   14, 16, 18, 20, 40, 42
Lengths : 41½, 42, 42½, 43, 43½, 44
(2-inch hem)

Price **$3.98**
Deposit 65
Balance . . . 3.33
(Plus 12¢ C. O. D. Fee—
We pay postage)

Style 567 comes in Derby Red,
as pictured.

Jockey Blue

Material: "Flight Command"
(Spun Rayon)

Price ....$0.69 per yard
Deposit .... .20 " "
Balance .... .49 " "

Fashion Frocks, Inc.
CINCINNATI OHIO

上图、右页图

亮红色人造丝连衣裙的款式面料样卡，该款
式是侧缝单排扣开襟设计。时尚女装公司，
约1943年

紫罗兰图案印花人造丝连衣裙的款式面料
样卡。时尚女装公司，约1943年

Daywear

Violets . . . ..*like the lilt of a gay,* *brave tune that lightens the*
heart . . . and *heightens the spirit!*

Style 306
ONE-PIECE

Colors:
Grey with Violet; Aqua with Green

Sizes: 14, 16, 18, 20, 40, 42
Lengths: 41½, 42, 42½, 43, 43½, 44
(1-inch hem)

Price **$8.98**
Deposit . . . 2.40
Balance . . . 6.58

(Plus 12¢ C. O. D. Fee—
We pay postage)

Style 306 comes in Grey with Violet,
as pictured

Aqua with Green

Material: "Blithe Spirit"
(Printed Rayon)
39 inches wide

Price ....$1.79 per yard
Deposit .... .50 " "
Balance .... 1.29 " "

This garment should be dry cleaned
for best results

'43

For Further Information
Please SEE OTHER SIDE ➤

日装

上图、右页图

棕绿双色格纹杜邦人造丝女裙套装的款式
面料样卡。时尚女装公司，约1943年

皮革棕色防皱华达呢宽松套装的款式面料
样卡。时尚女装公司，约1943年

Daywear

日装

上方左图、右图
纯棉印花修身日装连衣裙。时尚的小碎花图
案印花能避免面料的浪费而得到提倡，因为
重复款的大图案印花不易拼合会造成浪费。
American，约1943年

纯棉印花修身日装连衣裙，裙身一侧设计
有单排扣开襟和双侧口袋。*American*，约
1943年

上方左图、右图

纯棉印花修身日装连衣裙，点缀有英格兰细
孔刺绣，前中拉链式开襟设计，裙摆饰有工字
裙，前身双侧饰有小的装饰口袋。*American*，
约1943年

纯棉印花修身日装连衣裙，设计有前中单排扣
开襟和双侧小口袋。*American*，约1943年

日装

上图、右页图
三位模特穿着诺曼·哈特内尔设计的Ber-
ketex实用时装，1943年

丝绸日装连衣裙，有前中单排扣开襟设计，
突出的肩部造型搭配绒面革手套、天鹅绒帽
和金色手镯。*American*，约1943年

上图、右页图

双色羊毛套装，短款外套搭配高腰裙。内搭真丝褶饰衬衫，配一顶锥形帽子。*American*，约1943年

手工上色的照片中一个女人穿着点缀有金色装饰细节的绿色套装，佩戴绿色和金色相间的胸针，1943年

Daywear

左页图、上图
女演员谢丽尔·沃克身着一件印有有大花朵
图案的黑色连衣裙，代表了这十年来流行的
异国风格。Roto，1944 年

女演员多萝西·洛维特身着牛仔风格的骑马
装。蓝色棉质抽褶长裤系编织腰带，搭配嵌
有白色线绳装饰细节的夹克和白色棉质衬
衫。头戴斯特森（Stetson，美国帽业制造
商）风格的牛仔帽。手套上的五角星为这套
服装增添了十足的美国风格。雷电华影业，
约1944年

日装

左页图、上图
女演员卡琳·布斯身穿白色休闲套装，长款
外套搭配刺绣流苏腰带。脚上的丝带凉鞋
是为应对面料短缺而开发的创新鞋类，约
1944年

单排扣开襟羊毛半裙，搭配黑色针织毛衫和
羊毛外套。裙子的门襟设计与外套一致。服
装的单色调既反映染料的短缺，也反映人们
暂时放弃时尚的色彩，转而采用更中性的颜
色，这样服装就不会很快过时。这是一张来
自美国成衣公司的记录照片，可能从来没有
打算公开使用。*American*，约1944年

日装

Daywear

左页图、上图
Jaeger实用时尚服饰广告，1945年

女演员简·怀曼穿着长裤套装，搭配皮革帆船鞋。这套服装是舒适的男性风格的典范，为女性在社会中扮演新的积极角色而设计。简是美国前总统罗纳德·里根的第一任妻子，两人于1940年结婚，约1945年

日装

上图
女演员弗朗西丝·吉福德在电影《乌龙政客》中穿的红、白、蓝三色爱国套装。"胜利"的"V"字装饰在她衬衫的口袋上，派拉蒙影业

右页图
女演员薇拉·罗尔斯顿身穿蓝色粗花呢高腰紧身裙套装，内搭饰有褶裥丝绉衬衫。灰色的毛毡贝雷帽和黑色绒面革高跟鞋与套装相辅相成。这种军装风格的外套体现了军装对平民时尚的历史性影响，约1945年

下图

女演员拉雷恩·黛身穿厚重的亚麻套装。下身是前开衩铅笔裙，开衩边缘呈圆弧形修身夹克的前中缝有拉链，外套后摆略长，前身两侧饰有贴袋，贴袋的圆弧造型与夹克和裙子的门襟下摆一致。此套装内搭饰有小领结的纽扣衬衫，手拿鳄鱼皮包，还配有手套和平顶小圆帽。米高梅影业，约1945年

右页图

拉雷恩·黛的这件冰蓝色羊毛斜裁一体式连衣裙，上身配德尔曼袖和荷叶边下摆，搭配深蓝色绒面革宽腰带和手套，薄网装饰的平顶小圆帽。手拿大号羊毛制手包。米高梅影业，约1945年

MGB7720
MGM

上图、右页图

阔肩宽下摆午后小礼裙精选。*Modes de Paris*，约1945年

*Modes de Paris*杂志封面，女人穿着白色和红色相间的浪漫连衣裙，是束腰上身配宽下摆的设计。封面的主色调刻意表现出爱国主义色彩，约1945年

"chic"

PRIX : **45** FR.

Modes de Paris

250 MODÈLES D'ÉTÉ

faciles à faire

ÉDITIONS MARIVAUX
73, Champs-Elysées
PARIS

日装

上方三图

修身款费尔岛毛衣，搭配棉质混纺裙。
American，约1946年

毛衫两件套搭配条纹铅笔裙。*American*，
约1945年

净色针织开衫搭配白色棉衬衫和黑色丝绉
窄摆裙。*American*，约1945年

图
员琼·贝内特身穿一件黑色修身连衣
裙身装饰有波点蕾丝，头戴饰有蕾丝花
西班牙风格丝绒帽，1945年

日装

上图

两款实用连衣裙，展示了1946年的新廓
形，宽松裙摆取代了战时修身和节俭的廓
形。左边是Tange丝绉连衣裙；右边是
Vineyard丝绉连衣裙，搭配黑色绒面革腰
带。摄影：威廉·范德森，1946年

右页图

简·怀曼穿着高腰休闲裤搭配印有军人形象
图案的休闲短袖衫。*Primer Plano*，1946年

152.
Crêpe imprimé travaillé de drapiés nouveaux
153. Lainage fin. Épaules élargies.

153.

Croquis Élégants

154. *Tailleur de toile à grandes poches.*

155.

Deux pièces ouvragé de plis

Croquis Élégan

上方左图、右图
双绉印花连衣裙，饰有腰部臀部收褶和裙
摆垂褶；淡蓝色丝绉连衣裙，上身背部是披
肩式设计，裙后拼接有褶裥裙摆。*Croquis
Élégants*，1946年夏季

两款棉麻混纺日装套装，上身是收腰式长款
夹克。*Croquis Élégants*，1946年夏季

Daywear

上方左图、右图

绿色日装泡泡袖连衣裙；罗纹宽肩无袖连衣
裙内搭扇形领白衬衫。*Croquis Élégants*，
1946年夏季

黑色鸡尾酒会小礼裙，前身设计有隆起的
褶裥和深V形领口；黑色针织鸡尾酒会小礼
裙。*Croquis Élégants*，1946年夏季

日装

上方左图、右图

棕色羊毛大衣带有肩部延长的阔肩设计，领子和腰部的褶饰用阿斯特拉罕羔羊毛制成；黄色针织束腰日装连衣裙，肩部和胸部装饰有叠褶，下身为宽下摆设计。*Robes et Ensembles Croquis Couture*，1946年冬季

白色泡泡袖日装连衣裙，裙身饰有褶裥；外搭一件设计有装饰性口袋的绿色日装夹克。*Robes et Ensembles Croquis Couture*，1946年冬季

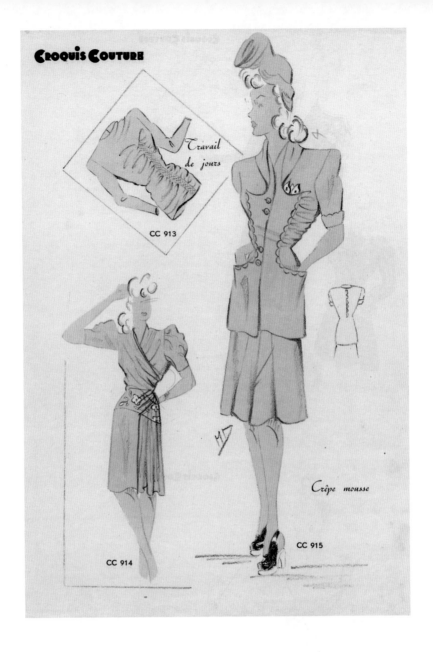

CROQUIS COUTURE

Travail de jours

CC 913

Crêpe mousse

CC 915

CC 914

日装

CC 1043
*Fin lainage
orné de broderie*

CC 1042

CC 1030
*Lainage, travail
de bouillonnés*

CC 1031
*Broderie de même
tissu que la robe*

左上图、左下图、右页图

精纺羊毛束腰日装连衣裙，羊腿袖上装饰刺绣细节，下身为宽裙摆式设计；黑色羊毛大衣，肩部和口袋饰有黑色狐狸毛皮镶边。*Robes et Ensembles Croquis Coutu* 1946年冬季

羊毛日装连衣裙，肩部和裙身饰有装饰褶皱；淡蓝色日装连衣裙，饰有彩色穗带和金银流苏。*Robes et Ensembles Croquis Couture*，1946年冬季

红色格纹羊毛双排扣骑装长外套，设计有主教袖；绿色衬衫式连衣裙。*Robes et Ensembles Croquis Couture*，1946年冬

CC 1024

Grand écossais
Emmanchure nouvelle

CC 1025

Jolie robe
chemisier

左图、左下图、右下图
设计有德尔曼袖的黑色针织连衣裙，上□
有粉色贴花绣，外搭黑色羊毛大衣，设□
双层狐狸毛皮镶边的大衣领和毛皮镶□
带。*Robes et Ensembles Croquis C□ture*，1946年冬天

白色日装连衣裙，腰部饰有横向的红□
绿色拼贴设计；印花丝绸围裙式连□
Robes et Ensembles Croquis Cout□
1946年冬季

淡黄色的日装连衣裙，裙身穿插装饰□
织的丝带，还饰有箭头贴花图案；铁锈□
羊毛大衣，肩部和袖口饰有狐狸毛皮镶□
Robes et Ensembles Croquis Cout□
1946年冬季

CC 1040
Jersey souple,
large ceinture
drapée

CC 1041
Lainage
et Renard

CC 2124
Toile ornée de
bandes incrustées

CC 2125
Crêpe imprimé

CC 1013

CC 1014
Forme nouvelle
ornée de piqûres

CC 1015
Lainage
et Renard

下图
羊毛绉日装连衣裙，饰有大号陶瓷纽扣；
芥末黄色日装连衣裙，设计有弧形的裙摆
裁片和翘起的肩部。*Robes et Ensembles*
Croquis Couture，1946年冬季

上方左图、右图，右页图

修身款费尔岛风格毛衣搭配铅笔裙。Am
can，约1946年

织有大学名称横幅图案的毛衣，搭配贝
和羊毛手套。American，约1946年

织有墨西哥卡通"驴子小夜曲"主题图
毛衣。American，约1946年

女演员琼·泰赫（Joan Tighe）身穿黑
丝天鹅绒日装连衣裙，裙后装饰有蝴蝶
头戴毛毡花卉装饰的头巾帽，搭配浮雕
饰颈链、黑色天鹅绒束带手包、黑色高
鞋。摄影：莫里斯·西摩，约1946年

Daywear

505

Shantung, poche
amovible - Jupe
culotte -

506

Flanelle, jupe
culotte croisée devant.

Croquis Elégants

右页图

白色条纹夏日连衣裙，上身是
式修身设计，裙摆饰有工字褶
棕色连衣裙，上身是箱形套衫
计，下身是多片拼接裙摆。*Cro*
Élégants，1946年夏季

左页图

两款分别用法兰绒和丝绸制
下身分叉式短裤连衣裙。*Cro*
Élégants，约1948年

177. Surah rayé travaillé dans
plusieurs sens. Revers de piqué.
178. Flanelle lavable à effet de
boléro façonné de piqures gansées.

Croquis Elégants

左页图

女演员玛塔·威克斯身穿粉色华达呢定制款暗门襟连衣裙，上身设计有叠褶省道，由特拉维拉设计，搭配金色钥匙链和金色袖扣。威廉·特拉维拉的职业名称是特拉维拉，是一名好莱坞服装设计师，他的职业生涯始于B级电影，但最终凭借他的设计在1949年赢得了奥斯卡奖，后来创作了银幕上最著名的服装之一：玛丽莲·梦露在《七年之痒》中穿的那件象牙色鸡尾酒会礼服。摄影：尤金·罗伯特·里奇，华纳兄弟影业，1947年

上图

女演员简妮丝·佩吉穿着素色羊毛混纺女裙套装，搭配绒面革手套、貂皮装饰的大号贝雷帽和一个用青铜色珠子装饰制成的箱形手提包。这张照片是她的新电影 *Wallflower* 的宣传照，这个用于宣传的手提包，颜色有黑色、海军蓝、白色、绚丽多彩的蓝色和钢铁色。自从1930年代早期通过好莱坞电影进行时尚营销以来，这些时尚/电影图片就随处可见。华纳兄弟影业，1947年

日装

下方左图、右图

定制款黑色日装连衣裙，裙身设计有阶梯式
拼接裙片，肩部装饰有天鹅绒蝴蝶结；黑色
连衣裙，设计有宽下摆，前身腰节处饰有褶
皱饰片，上身背部为斗篷样式的开襟设计。
Inspirations d'Avant-Saison, Éditions
Bell，1947年冬季

三款夹克内衬有垫肩、收腰式设计搭配突出
臀部曲线的窄摆裙套装，每一款都设计有不
同的"花式"口袋。*Inspirations d'Avant-
Saison*, Éditions Bell，1947年冬季

右页图

两件式套装，窄摆裙搭配定制款褶饰肩部
克；奶油色针织连衣裙，上身饰有褶皱，下
饰有荷叶边的窄摆裙；蓝色丝绸宽领口连衣
裙侧饰有垂褶。*Inspirations d'Avant-Sai*
Éditions Bell，1947年冬季

Deux pièces de crêpe mat éclairé d'avant lavers de toile
glacé, un large pli descend sur les épaules, accentuant la
finesse de la taille — La coquille de la jupe prolonge le
mouvement oblique du corsage dans cette robe de jersey —
Encore des drapés dans cette belle robe de crêpe mat à des
cotés très dégagé selon la nouvelle tendance de la mode.

日装

左图、左下图

绿色针织宽下摆连衣裙，肩部和上身的褶皱造型突出了肩部的曲线；绿色针织日装连衣裙，胸部饰有褶皱细节，肩部是圆肩造型，设计有小翻领和宽裙摆。坡跟鞋与服装的廓形相得益彰。*Inspirations d'Avant-Saison*, Éditions Bell, 1947年冬季

两款午后小礼裙：一件浅棕色礼服，上身为收省紧身式设计，饰有礼服款小翻领；另一款是黑色天鹅绒方形领口女裙套装。袖子和领口都装饰有奶油色丝绉镶边。*Inspirations d'Avant-Saison*, Éditions Bell, 1947年冬季

右页图

棕色丝绉连衣裙，肩部饰有垂褶，胸部和腰部都饰有堆叠的褶皱，下身为A形裙；绿色连衣裙，前身腰部设计有褶饰边，裙侧拼接有褶皱裙片。*Inspirations d'Avant-Saison*, Éditions Bell, 1947年冬季

208.

209.

上方左图、右图
灰色丝绸日装连衣裙，上身收省并贴缝有
口袋；红色羊毛大衣，胸前设计有装饰性口
袋；蓝色衬衫领日装连衣裙，设计有省道
拼缝叠褶。*Inspirations d'Avant-Saison*,
Éditions Bell，1947年冬季

三款饰有褶裥、抽褶和褶皱饰片的晚礼服。
Inspirations d'Avant-Saison, Éditions
Bell，1947年冬季

右页图
棕色日装连衣裙，设计有聚拢的褶皱、圆
肩、收腰和宽下摆；蓝色修身连衣裙，上
身和腰侧饰有聚拢的褶皱和褶饰蝴蝶结。
Inspirations d'Avant-Saison, Éditions
Bell，1947年冬季

218. 219.

Un léger drapé, repris par quelques fronces souligne
le mouvement raglan des emmanchures. Sur ce
modèle gracieusement drapé de soie se retrouve
une nouvelle recherche de montage de manche

右图
两款棉质日装连衣裙，上身设计有巧妙的装饰细节。*Croquis Élégants*, Éditions Bell, 1947年夏季

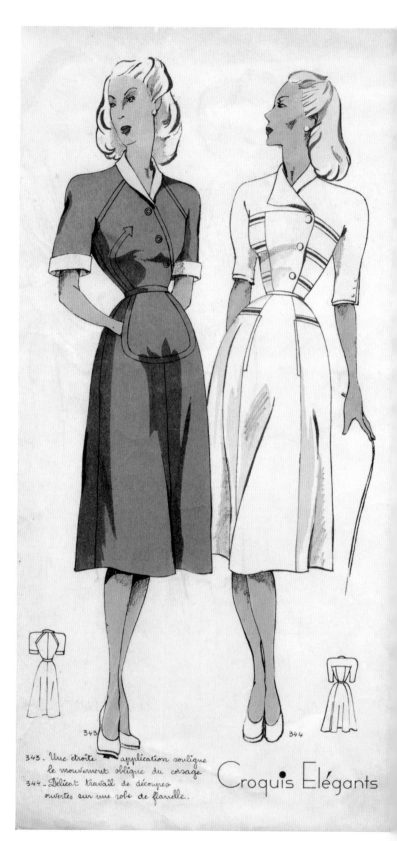

343. Une étroite application souligne le mouvement oblique du corsage
344. Délicat travail de découpes ouvertes sur une robe de flanelle.

Croquis Elégants

345. Robe écossaise outragée d'un tablier froncé
346. Nouvelle interprétation du chemisier
     sur une robe de shantung.

Croquis Elégants

左图
两款裙身前片饰有褶裥的棉质衬衫
裙。*Croquis Élégants*, Éditions
Bell, 1947年夏

上方三图
深蓝色不对称式女裙套装，上衣设计有叠褶装饰细节。*Croquis Élégants*，Éditions Bell，1947年夏季

印花丝绉女裙套装，臀部和胸部装饰拼接有褶皱饰片。*Croquis Élégants*，Éditions Bell，1947年夏季

棕色波卡圆点印花两件式套装，上衣拼缝有斜裁裁片并装饰有褶皱，下身搭配百褶裙；另一件是灰色丝绉连衣裙，腰节处设计有装饰裙片。*Croquis Élégants*，Éditions Bell，1947年夏季

上方三图
深棕色两件式套装，白色袖口对比鲜明，裙身装饰有斜条纹；蓝绿色丝绸连衣裙，上身为系扣式紧身设计，腰节处装饰有荷叶褶边。*Croquis Élégants*, Éditions Bell, 1947年夏季

棕色丝绸连衣裙，臀部饰有垂褶并装饰有荷叶褶边；黑色羊毛女裙套装，衣身饰有缎带。*Croquis Élégants*, Éditions Bell, 1947年夏季

棕色丝绸连衣裙，上身设计有单侧褶饰，下身装饰有荷叶边。*Croquis Élégants*, Éditions Bell, 1947年夏季

上方三图

奶油色连衣裙，围巾式垂褶饰片穿过镶有金色纽扣的紧身束腰。*Croquis Élégants*, Éditions Bell, 1947年夏季

印花双皱修身连衣裙，搭配披肩。*Croquis Élégants*, Éditions Bell, 1947年夏季

蓝色羊毛连衣裙，搭配斜纹软绸流苏宽腰带和手套、帽子。*Croquis Élégants*, Éditions Bell, 1947年夏季

Croquis Élégants

339. Des volants plats
accentuent l'asymétrie du modèle.

左图
剪裁考究的正式日装连衣裙，在胸部与臀部装饰有不对称式叠褶，该廓形与Corolla系列（译者注：克里斯汀·迪奥的第一个设计系列）廓形相似，腰部收紧，臀部圆润，但肩部保持棱角分明。*Croquis Élégants*, Éditions Bell，1947年夏季

日装

321 - Redingote allurée d'une basque décollée.

322 - Élégant tailleur de toile rayée, égayé de blanc.

Croquis Elégants

309 - Deux pièce en chantung étoffé de plis plats.

310 - Plissé en lainage est égayé de soie rayée.

Croquis Elégants

Daywear

上方左图、右图
两款女裙套装，设计有大号衣袋的定制外套
搭配窄摆裙。*Croquis Élégants*, Éditions
Bell, 1947年夏季

粉色女裙套装，上身是饰有褶裥的外套；蓝
色棉质女裙套装，上身是设计有胸部褶饰
的外套，袖口和衣领拼缝有条纹真丝，搭配
条纹真丝帽。*Croquis Élégants*, Éditions
Bell, 1947年夏季

Croquis Elégants

Fin lainage, ceinture de soie,
bayadère; gants assortis.

335

左图

蓝色精纺羊毛连衣裙，领口是不
对称设计，搭配条纹真丝制成的
腰带和手套。*Croquis Elégants*,
Éditions Bell, 1947年夏季

CHRISTIAN DIOR   BALENCIAGA

上图、右页图
迪奥设计的日装连衣裙,是一款饰有臀部垂褶的
宽下摆叠褶裙;巴黎世家设计的女裙套装,上身
是 V 形领口叠襟式上衣,搭配窄摆裙。插图:德尼
斯·德·柏薇菈(Denyse de Bravura),1947 年

由皮埃尔·巴尔曼设计的日装套装,上身为宽松式
外套;杰奎斯·菲斯设计的古典风格单肩连衣裙。

Daywear   插图:德尼斯·德·柏薇菈,1947 年

PIERRE BALMAIN

JACQUES FATH

日装

右图

三件式真丝套装——前开衩式半裙搭配灯笼裤，头巾和裤子所用面料一致；净色罗纹面料日装连衣裙，肩部拼缝有罗纹插肩袖的设计，裙身拼缝罗纹裙片。*Croquis Élégants*，Éditions Bell，1947年夏季

Crépe mat éclairé de satin blanc et de boutons de céramique de Jacques Robin

Croquis Elégants

丝绸连衣裙，袖口和衣领用白色丝缎
，上身门襟选用陶瓷纽扣。*Croquis
ants*, Éditions Bell, 1947年夏季

上方左图、右图，右页图
格纹日装连衣裙，上身设计有装饰嵌边细节。
Croquis Couture，1947年夏季

黑色亚光丝绉日装连衣裙，裙身饰有粉色细
绳，搭配饰有天鹅绒包边的黑色羊毛双排扣
外套。*Croquis Couture*，1947年夏季

蓝色日装连衣裙，设计有黄色内衬的翻领，圆
齿形门襟配黄色纽扣。坡跟鞋与手套的色调
相配。*Croquis Couture*，1947年夏季

Croquis
Couture

CC 2119

*Fines nervures
et dentelle*

CC 2120

*Toile d'albène
travaillée en deux sens*

CC 2121

*Flanelle ouvragée
de découpes*

下方左图、右图，右页图

粉色丝绸泡泡袖连衣裙，紧身束腰式设计；绿色丝绸主教袖连衣裙。*Croquis Couture*，1947年夏季

一款饰有白色凸花刺绣的黑色羊毛大衣，一同展示的是一件同系列连衣裙和一套红白条纹女裙套装。*Croquis Couture*，1947年夏季

绿色亚光丝绸日装连衣裙，饰有粉红色刺绣图案，下身是不对称式多片拼缝裙摆；粉绿白三色相间条纹连衣裙，设计有两侧大号口袋。*Croquis Couture*，1947年夏季

CROQUIS COUTURE

Jersey

CC 907

CC 908

CC 909

*Crêpe mât
et broderie*

日装

上方左图、右图，右页图

粉色女裙套装，上身是设计有棕色里衬的阔肩外套，内搭棕色针织毛衫；饰有刺绣图案的棕色羊毛大衣。*Croquis Couture*，1947年夏季

斜纹绸日装连衣裙，设计有褶裥灯笼袖和宽下摆，一同展示的是一件等长款，设计有钟形袖和大号口袋的白色大衣。*Croquis Couture*，1947年夏季

重绉钟形袖连衣裙，上身设计有缩褶饰片。*Croquis Couture*，1947年夏季

CROQUIS COUTURE

Ceinture double

CC 929

CC 930

CC 931

Crêpe lourd forme nouvelle

日装

CROQUIS COUTURE

*Très chic robe
d'après midi*

CC 940

CC 941

Lainage léger

下方左图、右图，左页图
一款女裙套装，下身是百褶裙搭配白色男款修身外套，设计有夸张的大号口袋，内搭配套的衬衫系条纹领带；一件芥末黄色宽下摆大衣。*Croquis Couture*，1947年夏季

黄色精纺羊毛大衣，设计有插肩袖，袖子所用面料与衣身面料形成反差对比；铁锈色丝绸日装连衣裙。*Croquis Couture*，1947年夏季

棕色丝绸午后小礼裙，装饰有刺绣细节；棕色拼芥末黄色轻克重羊毛女裙套装。*Croquis Couture*，1947年夏季

日装

下图
法兰绒定制长裤搭配男款夹克和马甲。夹克的袖
子绣有军装风格图案，廓形借鉴Zazou（第二次
世界大战期间法国青年爵士乐文化）亚文化风格
和战时工作服的元素。一同展示的是三款沙滩游
乐风格廓形套装。*Réalisations Haute Couture*,
M.德莫纳（Demonne）绘制，1947年夏季

最上左图、右图
精纺羊毛女裙套装，外套设计有大号蝴蝶结衣领。
Réalisations Haute Couture，M.德莫纳 绘制，
1947年夏季

绿色轻克重羊毛日装连衣裙，上身单侧胸部拼缝
褶饰衣片，搭配心形胸针和腰带。*Réalisations
Haute Couture*，M.德莫纳绘制，1947年夏季

上方第二行左图、右图
正装款暗粉色女裙套装；日装款黄色配白色
女裙套装内搭针织毛衫。*Réalisations Haute
Couture*，M.德莫纳绘制，1947年夏季

绿色双绉中式风格日装连衣裙，设计有褶饰裙
摆；丝绉印花套装式连衣裙，下身设计有后开
襟系扣细节。*Réalisations Haute Couture*，
M.德莫纳绘制，1947年夏

日装

R 619

*Robe très habillée
de ligne nouvelle en jersey
de soie*

Daywear

上方左图、右图，左页图

条纹法兰绒修身女裙套装。*Réalisations Haute Couture*，M.德莫纳绘制，1947年夏季

法兰绒女裙套装，上身是紧身双排扣外套，设计有腰部装饰衣袋，搭配直筒裙。*Réalisations Haute Couture*，M.德莫纳绘制，1947年夏季

弹力真丝修身连衣裙，单侧饰有胸部抽褶，裙身装饰有荷叶褶边。*Réalisations Haute Couture*，M.德莫纳绘制，1947年夏季

日装

右图

卡莉·穆恩（Carrie Munn）设计的宝石蓝色塔夫绸连衣裙，长度至脚踝，袖口和裙摆都装饰有丝带编织成的黑色蕾丝边。穆恩于1940年在纽约创办了自己的高定时装公司，推出她的时髦连衣裙和设计单品，利用巴黎高定时装屋纷纷关闭的时机，以举办奢侈派对而闻名，成为美国有钱女人的宠儿。Acme新闻图片，1947年

左上图、左图

黑色丝绒一字领晚礼服,腰部饰有垂褶和钻饰蝴蝶结,搭配黑色绒面革凉鞋、小号皮革手包、尼龙手套、饰有网纱和羽毛的黑色天鹅绒束发带,以及一条双貂皮披肩。*American*,约1948年

修身丝绒连衣裙,腰侧系有蝴蝶结,胸前装饰亮片树叶图案。搭配绒面革高跟鞋、皮手套和饰有网纱和羽毛的贝雷帽风格的帽子。*American*,约1946年

日装

Daywear

左页图

演员兼舞者赛德·查里斯身穿Marusia出品的配有粉色衬裙的棕色塔夫绸连衣裙，头上似帽子的造型是John-Frederics设计的金色蕾丝花边。比佛利山的Marusia在20世纪50年代是一个成功的时尚品牌，在萨克斯第五大道百货商店出售，受到社交界女性和乡村俱乐部人士的青睐。国际新闻照片，1948年

上图

格子棉日装连衣裙，设计有可拆卸的宽大盖肩袖，可将优雅的日装连衣裙变成无袖背心裙，搭配宽檐帽和双色高跟鞋，约1948年

左上图、左下图、左页图

黄色正装女裙套装，外套设计有垂褶式口
袋；红色配黑色女裙套装。*Modèles Origi-
naux*，1948年冬季

灰色单排扣午后礼裙套装，紫色女裙套装，
上身是用横条纹面料制成的双排扣外套。
Modèles Originaux，1948年冬季

宽下摆百褶裙搭配饰有蕾丝花边的白衬衫，
立领和袖口都装饰有蕾丝褶边。*American*，
约1948年

日装

popeline de soie
jupe à plissé soleil
devant

shantung -
la ceinture drapée est en
piqué de soie

toile

Daywear

下图、左页图
三款Corolla风格（后来被称为"新风貌"风格）的日装连衣裙，下身是宽下摆和突出腰臀部线条的设计。*Robes Idées Sport*, Éditions Thiébaut, 1948年冬季

三款夏日束腰宽下摆连衣裙。*Robes Idées Sport*, Éditions Thiébaut, 1948年冬季

la bande in-crustée dans les plis forme poches de côté

3 robes de toile unie garnies de tissu rayé

jupe garn devant d'un panneau plissé soleil

11

上图、右页图

浅蓝色套装，宽下摆工字褶半裙搭配修身外套，肩部设计有拼接细节；淡黄色套装，刀褶裙，搭配修身衬衫，腰部饰有字母组合图案；淡蓝色的日装礼服裙，设计有连肩袖和褶饰裙片拼接裙摆。*Robes Idées Sport*, Éditions Thiébaut, 1948年冬季

阔肩宽下摆塔层式日装连衣裙；宽下摆，短款泡状袖日装连衣裙；夏日连衣裙，裙身上下都饰有抽线缝工艺细节。*Robes Idées Sport*, Éditions Thiébaut, 1948年冬季

shantung à plis
religieuse

cotonnade fleurie
des pinces intérieures donnent
un effet bombé sur les manches
et aux hanches

toile garnie de jours fils tirés

9

bolero et corsage en jersey rayé doublé de toile dont la jupe est faite également

sweater et veste en tweed à chevrons. jupe et doublure en toile vive

15

jersey à pois toile de lin pour hanches rem- pincés intérieures

pour le corsage l'ensemble bourrées avec

上图

外出步行套装，由一条长款窄摆裙搭配短款
粗花呢箱型外套；两款午后礼服套装，均由
宽下摆半裙搭配波蕾诺外套。*Robes Idées
Sport*, Éditions Thiébaut, 1948年冬季

Daywear

上方左图、右图

居家或短途旅行可穿着的"周末"休闲套装精选，这种短款工装裤适合年轻人穿着。另一种更为成熟的选择是工装风格的褶饰款连衣裙。*Robes Idées Sport*, Éditions Thiébaut, 1948年冬季

三款Corolla系列风格的城市套装。*Robes Idées Sport*, Éditions Thiébaut, 1948年冬季

日装

petit lainage

toile de lin
ceinture de cuir

2

flanelle.
boutonnage des deux côtés

Daywear

上方左图、右图，左页图

两款格纹日常正装，下身是宽下摆百褶裙；
另一款是大衣式，拼缝有褶饰裙片的连衣
裙。*Robes Idées Sport*, Éditions Thié-
baut, Éditions Thiébaut, 1948年冬季

三款女裙套装，下身均为宽下摆半裙，上装
依次是短款骑装风格外套、敞开式短外套、
男装风格敞开式短款外套。*Idées (Man-
teaux et Tailleurs)*, 1940年夏季

绿色衬衫式连衣裙，裙长至小腿肚；粉色
亚麻夏日连衣裙，设计有盖肩袖；设计有
大号贴袋的绿色筒状收腰连衣裙（译者注：
envelope dress，特指1940年代流行的
一种适合多种场合功能性的筒状、宽松、束
腰、长袖款连衣裙）。*Robes Idées Sport*,
Éditions Thiébaut, 1948年冬季

日装

MODÈLES
ORIGINAUX

06—1

06—2

上图，右页图
红色筒状收腰连衣裙，巧克力棕色日装连衣
裙。*Modèles Originaux*，1948年冬季

红色工字褶日装连衣裙，卡其色插肩袖连衣
裙搭配绒面革腰带。*Modèles Originaux*，
1948年冬季

06—3　　　　　　06—4

06—5 06—6

Daywear

上图，左页图

深绿色的日装连衣裙，上身饰有斜向褶裥设计；酸橙绿色大衣式连衣裙，配大号纽扣。*Modèles Originaux*，1948年冬季

卡其色定制西装搭配窄摆直筒裙；蓝色双排扣西装夹克，搭配窄摆直筒裙。*Modèles Originaux*，1948年冬季

日装

左上图、左下图、右页图

黄色系腰带款日装连衣裙，斜格纹日
衣裙，搭配红色皮革腰带。*Modèles
naux*，1948年冬季

一款绿色女裙套装，一款加拿大风相
外套，搭配百褶裙。*Modèles Origir*
1948年冬季

一款米色日装连衣裙，裙身两侧拼缝衤
裙片；一款设计有衬衫领的绿色夹克衤
裙。*Modèles Originaux*，1948年冬季

06 — 15

06 — 16

下方左图、右图，右页图
巧克力棕色女裙套装，下身是A形裙；米
色女裙套装，下身是窄摆直筒裙。*Modèles
Originaux*，1948年冬季

棕色定制女裙套装，上衣设计有横向的褶裥
细节；一款设计有垂直叠褶细节的绿色连衣
裙。*Modèles Originaux*，1948年冬季

蓝色定制羊毛女裙套装和定制粗花呢女裙
套装。*Modèles Originaux*，1948年冬天

06—19   06—20

上方左图、右图、右页图
一款实穿的绿色日装连衣裙，一款前身不对
称式简状束腰连衣裙，搭配灰色绒面革腰带。
Modèles Originaux，1948年冬季

衬衫搭配半裙套装，斜条纹窄摆衬衫式连衣裙，
下身设计有前中工字褶。*Modèles Originaux*，
1948年冬季

一款定制酒红色午后礼裙套装；浅灰色简状收
腰连衣裙，设计有前侧开襟并装饰有丝带蝴
蝶结。*Modèles Originaux*，1948年冬季

06 — 31

06 — 32

上方左图、右图
酸橙绿色女裙套装和浅灰色女裙套装，都
搭配窄摆直筒裙。*Modèles Originaux*，
1948年冬季

绿色双排扣大衣式连衣裙，设计有安妮女王
领口的米色连衣裙。*Modèles Originaux*，
1948年冬季

上方左图、右图
橙色配灰色斜纹格子连衣裙，背部有小披
肩样式的设计；深灰色定制连衣裙，方形
领口装饰蕾丝花边，下身前中饰有垂褶。
Modèles Originaux, 1948年冬季

深蓝色的定制窄摆裙套装；灰色双排扣西服
套装，搭配毛皮披肩。*Modèles Originaux*,
1948年冬季

日装

06—47   06—48

Daywear

上方左图、右图，左页图

巧克力棕色女裙套装，上衣为宽松版型男性
风格外套；木炭灰色的女裙套装搭配修身外
套。*Modèles Originaux*，1948年冬季

深灰色的酒会礼服，饰有腰部抽褶，裙身
前中聚拢三重褶皱；深灰色的低领口酒会
礼服，裙身前中饰有抽褶。*Modèles Origi-
naux*，1948年冬季

灰色午后礼裙，设计有褶饰的安妮女王领
口；紫色午后礼裙，上身为修身式剪裁，
裙身前中饰有三重抽褶。*Modèles Origi-
naux*，1948年冬季

日装

下方左图、右图，右页图

深蓝色酒会礼服，腰部饰有横向褶皱；红色安妮女王领口酒会礼服，饰有单侧垂褶和臀部饰带。*Modèles Originaux*，1948年冬季

棕色灯芯绒女裙套装，上身是门襟不对称式阔肩外套；酒红色女裙套装，上身是单排扣修身外套，饰有金银线花边。*Modèles Originaux*，1948年冬季

正式晚宴女裙套装，上身为胸衣式外套；黑色深领口酒会礼服，臀围两侧拼缝有弧形叠褶裙片。*Modèles Originaux*，1948年冬季

06 — 59

06 — 60

上方左图、右图
紫色酒会礼服，上身饰有聚拢的褶皱；黑
色垂褶酒会礼服，裙侧饰有荷叶褶边。
Modèles Originaux，1948年冬季

紫色配棕色方形领口晚礼服，设计有郁金香
袖；深灰色修身连衣裙，饰有单侧垂褶和臀
部饰带。*Modèles Originaux*，1948年冬季

上方左图、右图
绿色正装连衣裙，裙身前中是平整的裙幅，
两侧饰有垂褶；黑色正装连衣裙，裙后饰有
垂褶。*Modèles Originaux*，1948年冬季

黑色正装晚礼服，下身是球状束腰裙内衬
直筒窄摆裙；绿松石色深领口酒会礼服，腰
侧饰有褶皱，裙侧装饰有荷叶边。*Modèles
Originaux*，1948年冬季

日装

06 — 69

06 — 70

下图、左页图
棚拍人像照片中的年轻女子身着系有腰带
的夏日连衣裙，下身饰有叠褶。搭配宽檐
草帽和皮手套，营造了少许的正式氛围。
American，约1949年

黑色正式款女裙套装，紧身衣风格外套搭
配宽下摆半裙；红色日装连衣裙，设计有胸
部和腹部抽褶细节。*Modèles Originaux*，
1948年冬季

日装

上方左图、右图，右页图
Modes de Paris 的封面，一款粉色褶饰连衣裙
搭配外套，一款不对称式连衣裙，上身是裹身
设计，下身饰有单侧叠褶，1949年5月

Modes de Paris 封面展示的两款外出步行套
装：一套选用的是绿色格纹羊毛呢面料，下身
是斜裁半裙；另一套是棕色羊毛大衣式连衣裙，
上身是马甲样式紧身款，下身设计有大号的口
袋，1949年11月

Modes de Paris 封面展示的两款棉布印花夏日
连衣裙，1949年6月

Modes de Paris

N° 132 - 24 JUIN 1949
5ᵉ ANNÉE - (Nouvelle Série)

20 FR.

PARAIT TOUS
LES VENDREDIS

DIRECTEUR-GÉRANT
Jeanne MARVIG

ÉDITIONS
MODES DE PARIS
4, avenue Ruysdaël
PARIS (8ᵉ)
(Parc Monceau)

HEBDOMADAIRE IMPRIME EN FRANCE

SERVICE DES PATRONS
104, avenue de Villiers, PARIS
Métro Pereire. Tél. : CAR. 97-88.

日装

上图

Modes de Paris 的封面，上面是一名穿着
褶饰衬衫搭配窄摆裙的模特，1949年2月

N° 129 - 3 JUIN 1949
5° ANNÉE - (Nouvelle Série)
20 FR.

PARAIT TOUS
LES VENDREDIS

DIRECTEUR-GÉRANT
Jeanne MARVIG

ÉDITIONS
MODES DE PARIS
4, avenue Ruysdaël
PARIS (8°)
(Parc Monceau)

SERVICE DES PATRONS
104, avenue de Villiers, PARIS.
Métro Pereire. Tél. : CAR. 97-88.

HEBDOMADAIRE
IMPRIMÉ EN FRANCE

SOMMAIRE
LA MODE
40 MODELES PATRONNÉS
Robes et ensembles pour
toutes les heures. - Robes
avec manteau ou voile. -
Tenues de vacances. -
Blouses - Lingerie nou-
velle.

LA LECTURE
TROIS ROMANS
par DELLY, MACALY et
Jean MIROIR.
Une nouvelle. - Confidence
d'une lectrice. - Recettes
et Conseils. - Les Livres. -
Le Courrier.

NOS PRIMES
PATRON et LIBRAIRIE
Notre Service
POUR VOUS MADAME
Cette semaine :
DEUX JUMPERS

上图
*Modes de Paris*的封面，一模特穿着A形窄
摆裙搭配波卡圆点印花泡泡袖衬衫，另一模
特穿着定制衬衫搭配A形窄摆裙，衬衫设计
有两个垂直的工字褶饰口袋，1949年6月

日装

F 2390 Robe habillée bleu roi à drapé chic aux hanches.

F 2391 Robe chic d'après-midi à corsage ajusté croisé et jupe à fronces fournies.

F 2392 Des incrustations étroites de nervures font la garniture de cette robe habillée à décolletage profond.

F 2393 Un crêpe mousse beige fera cette robe de visites à groupes de plis décoratifs sur corsage et jupe.

F 2394 Deux-pièces de coupe élégante asymétrique à drapés en diagonale dirigés vers l'encolure et la taille.

Visite après-midi et bridge

F2390

F2391

F2394

F2393

F2392

上图、左页图

*Favorite*杂志的副刊*Album des Modes*的封面，封面展示了一款饰有银狐毛皮领和单侧垂褶的深蓝色连衣裙，1949年冬季

午后礼服裙精选，既有Corolla风格的宽下摆设计，也有菲斯、巴尔曼和勒隆主推的直筒窄摆式设计。*Album des Modes*，1949年冬季

日装

户外装

上图、右页图

绿色羊毛法兰绒大衣；苏格兰粗花呢中长款外套；棕色花呢大衣，衣身饰有缉线细节。*Idées (Manteaux et Tailleurs)*，1940年夏季

三款定制女裙套装，分别选用格纹、斑纹和人字纹粗花呢面料制成，搭配对比鲜明的橄榄绿色配饰。*Idées (Manteaux et Tailleurs)*，1940年夏季

tailleurs en tweed.

a   b   c

上图、左页图

海军蓝色配白色波卡圆点真丝绉印花连衣裙，搭配纽约的帕塔洛（Pattullo）设计的海军蓝色真丝斜纹绸大衣，头戴"水手"帽（是一顶蓝色平顶宽檐帽，装饰有白色凸凹织物制成的褶饰），由莎莉·维克托（Sally Victor）设计。环球影业（纽约），1940 年

女演员安·谢里登穿一件红棕、褐色、浅绿三色粗花呢春季大衣。这款双排扣大衣设计有内置插袋和方正的宽肩。Acme 新闻图片，1940 年

户外装

上方左图、右图，左页图
女演员简·怀曼身穿一套绿色割绒女裙套装，外套饰有右侧垂褶和宽边水貂毛皮镶边。帽子和暖手筒均用水貂毛皮制成。*Buffalo Evening News*，1940年

女演员布伦达·马歇尔穿着一件印有棕色条纹的米色羊毛运动大衣，头戴相同面料制作的平顶小圆帽。*Buffalo Evening News*，1940年

女演员安·萨森在她的电影《端庄淑女》的宣传片中穿着阿德里安设计的女裙套装。米高梅影业，1941年

户外装

上方左图、右图
紫色羊毛绉午后礼裙，在衣领、袖口和口
袋上都装饰有美国原住民风格的珠饰图案。
Buffalo Evening News，1940年

一款三件式羊毛午后礼服套装，饰有宽大的
狐狸毛皮领搭配狐狸毛皮暖手筒。*Buffalo
Evening News*，1940年

上方左图、右图

羊毛条纹大衣,饰有天鹅绒饰边的罗纹羊毛大衣,骑装风格的罗纹羊毛大衣。*Idées (Manteaux et Tailleurs)*,巴黎,1940年夏季

三款适合去海滨或水疗小镇穿着的箱式风格大衣。*Idées (Manteaux et Tailleurs)*,巴黎,1940年夏季

户外装

左上图、左下图、右页图
格子呢法兰绒大衣；灰色羊毛大衣，
身设计有修身省道；粗花呢格子大
设 计 有 大 贴 袋。*Idées (Manteaux
Tailleurs)*，巴黎，1940年夏季

三 款 箱 形 大 衣。*Idées (Manteaux
Tailleurs)*，巴黎，1940年夏季

三款蓝色羊毛大衣。*Idées(Manteaux
Tailleurs)*，巴黎，1940年夏季

flanelle. Effet de a   lainage   b   serge à doubles. c
gilet appliqué   piqûres.

.A.

下方左图、右图
三款女士斗篷。*Idées (Manteaux et Tailleurs)*，巴黎，1940年夏季

三款黑色羊毛绉日装大衣。*Idées (Manteaux et Tailleurs)*，巴黎，1940年夏季

下方左图、右图
三款午后礼服大衣，均是收腰款，宽下
摆设计。*Idées (Manteaux et Tailleurs)*，
巴黎，1940年夏季

三款绿色日装大衣，均是收腰款，宽下
摆设计。*Idées (Manteaux et Tailleurs)*，
巴黎，1940年夏季

上方左图、右图

三款淡粉色，设计有精致装饰细节的午后
礼服大衣。*Idées (Manteaux et Tailleurs)*，
巴黎，1940年夏季

三款午后礼服大衣，均是收腰款，宽下摆的
设计。*Idées (Manteaux et Tailleurs)*，巴
黎，1940年夏季

上方左图、右图

三款黑色午后礼服大衣，分别饰有刺绣、英格兰细孔绣和贴花细节。*Idées (Manteaux et Tailleurs)*，巴黎，1940年夏季

三款两件式午后小礼服。*Idées (Manteaux et Tailleurs)*，巴黎，1940年夏季

户外装

上方左图、右图

三款棕色日装大衣精选。左边模特所展示的
服装胸部设计细节明显受到军事风格的影
响，这三套服装的整体造型和细节设计都带
有男性化的风格。三顶帽子的设计很明显
也参考了男性的衣橱。*Idées (Manteaux et
Tailleurs)*，1940年冬季

三款设计有皮毛装饰细节的冬季大衣。左边
这款服装类似于19世纪末Liberty家居服
的美学风格。自1939年以来的服装系列，
设计师们在设计中借鉴世纪末风格是极为
普遍的，可在这些服装系列的剪裁和细节设
计中发现该风格的影子。*Idées (Manteaux
et Tailleurs)*，1940年冬季

上方左图、右图

三款可两面穿着的旅行雨衣。左边两位模特展示的帽子，其设计灵感来源于驻军帽。*Idées (Manteaux et Tailleurs)*，1940年冬季

三款皮草镶边的箱形大衣——模特展示的帽子是男士帽子的缩小版，用倾斜的方式佩戴。出于实际的需求，低跟鞋开始流行起来。*Idées (Manteaux et Tailleurs)*，1940年冬季

户外装

下方左图、右图
三款单排扣A字形毛领冬季大衣，均采用
罗纹面料制成，廓形借鉴男式大衣。*Idées
(Manteaux et Tailleurs)*，1940年冬季

三款羊毛冬季大衣，饰有毛皮衣领，搭配男
性风格的帽子，浅口宫廷鞋和手包；这三套
造型都具有战时时尚的代表性特征。*Idées
(Manteaux et Tailleurs)*，1940年冬季

下方左图、右图
三款羊毛军装风格毛领冬季大衣，衣身饰有
皮革装饰细节。*Idées (Manteaux et Tail-
leurs)*，1940年冬季

三款时髦的A字形大衣，在胸部或肩部都
饰有毛皮装饰细节。*Idées (Manteaux et
Tailleurs)*，1940年冬季

上方左图、右图，下方左图

三款冬季长斗篷，分别由粗花呢、混纺毛料、装饰拼贴有豹子毛皮的法兰绒制作而成。Idées (Manteaux et Tailleurs)，1940年冬季

三款羊毛日装大衣，宽肩造型具有男性风格特征。Idées (Manteaux et Tailleurs)，1940年冬季

三款饰有阿斯特拉罕羔羊毛皮的羊毛女裙套装——右边的套装展现出受俄罗斯服饰风格的影响。Idées (Manteaux et Tailleurs)，1940年冬季

上方左图、右图，下方左图

三款冬季大衣，中间的款式明显受到19世纪早期帝政风格的影响，右边围裙式的风格体现一种传统民间服饰的设计感。*Idées (Manteaux et Tailleurs)*，1940年冬季

三款饰有毛皮装饰的冬季大衣。*Idées (Manteaux et Tailleurs)*，1940年冬季

三款饰有毛皮装饰的冬季大衣。*Idées (Manteaux et Tailleurs)*，1940年冬季

户外装

左上图、左下图、右页图
三款羊毛冬季大衣,胸部和肩部都饰有精致的毛皮装饰。*Idées (Manteaux et Tailleurs)*, 1940年冬季

三款冬季大衣,中间款的衣身上饰有俄罗斯风格编织穗带和金色流苏纽扣,明显展现出受军国主义的影响。*Idées (Manteaux et Tailleurs)*, 1940年冬季

三款绿色冬季大衣:左边的款式用毛织天鹅绒制成,装饰有黑貂毛皮;中间款用羊毛制成,装饰有阿斯特拉罕羔羊毛皮;右边的款式用毛织天鹅绒制成,装饰有负鼠毛皮。*Idées (Manteaux et Tailleurs)*, 1940年冬季

velours de laine
et loutre

lainage
garni de matelassés
et d'astrakan

velours de
laine et
opossum rasé

24

上方左图、右图，右页图
三款单排扣灰色女裙套装，均装饰有毛皮。*Idées (Manteaux et Tailleurs)*，1940年冬季

三款正装冬季大衣，肩部或口袋上都装饰有奢华的毛皮。*Idées (Manteaux et Tailleurs)*，1940年冬季

三款冬季大衣，领口或腰部饰有蝴蝶结。*Idées (Manteaux et Tailleurs)*，1940年冬季

lainage
chaque

makelassé et
garni d'hermine

28.

lainage garni
de pinces et loutre
et Hudson

LES
GRANDS
MODÈLES
No. 55a
FOURRURES
1940

24300   24301

24300 Manteau en sealskin, façon ajustée, montrant un   24301 Ce manteau en astracan persanier est bordé de
col-revers souple.   bandes en cuir; manchon en fourrure assortie.

15

上图、右页图

大翻领双排扣海豹皮大衣，饰有腰带的波斯羔
羊毛皮大衣，配暖手筒。*Les Grand Modèles:
Fourrures*，1940年

短款水獭毛皮斗篷，灰色波斯羔羊毛皮修身夹
克，搭配饰有银狐毛皮的领巾，领子和袖口饰有
猞猁毛皮的小马皮大衣，貂皮披肩。*Les Grand
Modèles: Fourrures*，1940年

Outerwear

24318 Manche composée de bandes en civette; notez l'emploi des peaux.

24319 Très moderne cette manche en astracan persanier; grand parement de nutria.

24320 Manche ample en broadtail.

24321 Longue cape de loutre; le col montant est pris dans la coupe de l'empiècement.

24322 Très chic cette veste en astracan persanier gris. Les pans-cravate du col sont alourdis de renard.

24323 Longue jaquette en poulain; col-châle et manchon en lynx.

24324 Des bandes en vison composent cette cape très élégante.

户外装

LES
GRANDS
MODÈLES
No. 55a
FOURRURES
1940

24311

24312

24311 Manteau mi-ajusté en astracan persanier; col et
manchettes en renard argenté.

24312 Manteau en astracan persanier; forme légèrement
cintrée. Les rabats des poches sont faits en
même fourrure.

LES
GRANDS
MODÈLES
No. 55a
FOURRURES
1940

24314

24313

24315

24313 Elégant manteau en agneau des Indes. Le col montant est pris dans la coupe; manchon en fourrure assortie.

24314 Manteau en castor ou en nutriette; notez la forme ample des manches.

24315 Ce manteau à revers importants est fait en pattes d'astracan persanier.

18

左页图、上图

波斯羔羊毛皮大衣，领口和袖口饰有银狐毛皮；棕色羔羊毛皮大衣，袖口和口袋装饰同样的毛皮。*Les Grand Modèles: Fourrures*，1940年

印度羔羊毛皮立领大衣，搭配配套暖手筒；海狸毛皮主教袖大衣；阿斯特拉罕羔羊毛皮翻领大衣。*Les Grand Modèles: Fourrures*，1940年

户外装

LES
GRANDS
MODÈLES
No. 55a
FOURRURES
1940

24316

24317

24316 Manteau en peau de panthère; façon ajustée,
formant des godets. Col-plastron et poches
appliquées en nutria.

24317 Elégant manteau en vison ou en civette nature.
Les bandes de fourrure sont employées en largeur
et en hauteur.

19

上图、右页图

豹皮大衣，贴袋和衣领均用海狸鼠毛皮制
成；貂皮大衣，下身是多片拼接下摆。*Les
Grand Modèles: Fourrures*，1940年

腰带款波斯羔羊毛皮大衣，搭配配套暖手
筒；单排扣海豹皮小翻领大衣，门襟与口
袋部位饰有对比色毛皮贴边。封面：*Les
GrandModèles: Fourrures*，1940年

LES GRANDS MODÈLES

JOURNAL PÉRIODIQUE

Nº 55A

PARAÎSSANT
4 FOIS PAR AN:
(TRIMESTRIEL)
PRINTEMPS-
ÉTÉ-AUTOMNE-
HIVER

Imprimé
à Vienne
(Allemagne)

1940

fourrures

下方左图、右图

灵猫毛皮大衣，饰有不同方向的毛皮制条
纹；灰色大尾羊羔羊毛皮大衣。*Les Grand Modèles: Fourrures*，1940年

定制灵猫皮外套；主教袖海豹皮大衣。*Les Grand Modèles: Fourrures*，1940年

右页图

灰色印度羔羊毛皮系扣立领大衣；黑色波斯羔
羊毛皮大衣，饰有海狸毛皮伊顿式阔翻领；棕
色的波斯羔羊毛皮大衣，衣身配大号毛皮包扣。
Les Grand Modèles: Fourrures，1940年

LES
GRANDS
MODÈLES
No. 55a
FOURRURES
1940

24327

24328

24329

24327 Manteau en agneau des Indes; le col montant
se ferme par deux boutons, ceinture piquée
d'une boucle très décorative.

24328 Manteau en astracan persanier noir; forme mi-
ajustée, montrant un col Eton de castor.

24329 Un astracan persanier marron a servi pour ce
manteau droit et vague; poches à entrées biaisées.

户外装

24332 La forme du col caractérise cette cape en sealskin.

24333 Jaquette en astracan persanier noir; longs revers, les devants fuyants sont légèrement arrondis.

24334 Cette veste en broadtail est remarquable par le grand col de renard argenté.

24335 Cape en vison, employant les peaux en sens différents.

24336 Jaquette en nutria, de forme droite; le dos s'évase en godets.

24332

24333

24334

24336

24335

左页图
左页图
一系列宽松、修身的毛皮制斗篷和外套精选。
Les Grand Modèles: Fourrures，1940年

上方左图、右图
饰有貂皮大翻领的波斯羔羊毛皮大衣，饰有大号双排纽扣的海豹皮大衣。*Les Grand Modèles: Fourrures*，1940年

腰带款棕色小马皮大衣，饰有海狸毛皮大翻领；设计有大口袋的海狸鼠毛皮大衣；长款水獭毛皮斗篷，领口装饰有链条细节设计。
Les Grand Modèles: Fourrures，1940年

户外装

24344

24345

24346

24347

24348

24349

24342

24343

24342 L'emploi des peaux est le trait essentiel de ce manteau en civette. Très modernes les manches amples.

24343 Très chic ce manteau en peau de panthère;

forme ample, de longueur sept-huitièmes. Petit col et poignets en castor.

24344 Ce col en nutria est remarquable par la forme imprévue.

24345 Col montant et plastron en peau de panthère.

24346 Col-revers en civette.

24347 Des bandes en civette composent cette manche.

24348 Très moderne cette manche en civette.

24349 Manche en peau de panthère, montrant un grand parement de castor.

27

24365 Cape et manchon en vison; le col montant se ferme par un nœud de velours.
24366 Jaquette en gazelle, bordée d'étroites bandes en daim; dans le dos une semi-ceinture.
24367 Jaquette en agneau de broadtail. Notez la coupe inédite du col et du devant.
24368 Longue jaquette en astracan persanier, combinée à de la loutre; ceinture en peau souple. La poche-manchon se ferme par un système éclair.
24369 Jaquette ample et droite, faite en marmotte, notez l'emploi des peaux.

24365
24368
24367
24369
24366

30

左页图、上图
一款灵猫毛皮窄版大衣，裁有宽松的袖子，
一款美洲豹毛皮箱型大衣。此外还有一些
衣领和袖子的设计可供替代。*Les Grand
Modèles: Fourrures*，1940年

毛皮制外套、大衣和斗篷精选，左下角的款
式展现了男装风格对女性衣橱的明显影响。
Les Grand Modèles: Fourrures，1940年

户外装

24350

24352

24351

24350 Col et manchon en loutre.
24351 Cette cape en agneau des Indes se ferme par un bouton devant.
24352 Très jeune cette veste-boléro en vison; les peaux sont utilisées en plusieurs sens.
24353 Elégante jaquette de broadtail; comme bordure une bande de renard argenté.

24353

24355

24354

24354 Un astracan persanier brun a servi pour cette petite veste vague, pourvue de poches entaillées; manchon assorti.
24355 Pour garnir la manche d'un manteau, voici cet arrangement de skunk.
24356 Paletot vague et ample, fait en astracan persanier; comme garniture des motifs en passementerie.

24356

28

上图、右页图

毛皮大衣、夹克和各种异域毛皮斗篷精选。
Les Grand Modèles: Fourrures，1940年

绿色羊毛大衣，内衬灵猫毛皮，饰有印度
羔羊毛皮衣领；粗花呢大衣，内衬兔毛，饰
有羔羊毛皮伊顿式阔翻领。此外，还展示
了一些可供替换的衣领设计。*Les Grand
Modèles: Fourrures*，1940年

LES
GRANDS
MODÈLES
No. 55a
FOURRURES
1940

24357

24359

24358

24361

24360

24362

24363

24364

2435/ Col et béret en astracan persanier.
24358 Ce col en nutria est destiné à garnir les manteaux pour l'hiver.
24359 Col en broadtail.
24360 Très original ce col en agneau des Indes.
24361 Cette garniture en renard bleu imite des revers.

24362 Col-revers en loutre, parfait pour orner un manteau d'hivernal.
24363 Un lainage vert fera ce manteau pour l'hiver. Col-revers en agneau des Indes, doublure de civette.
24364 Ce manteau en tweed est remarquable par le col Eton d'astracan persanier; modèle doublé de nutriette.

户外装

右图

三款军事风格套装，衬衫式褶饰连衣裙搭配斗篷和配套的帽子。Très Chic，约1940年

Très Chic

CH.483.41

CH.483.43

CH.483.42

上方左图、右图

薄荷绿色日装连衣裙，搭配德尔曼袖大衣；
修身衬衫配窄摆裙套装，都显示出军国主义
对服装风格的影响。*Très Chic*，约1940年

两款冬季大衣，一套搭配斗篷式上衣，另一
套衣身装饰有毛皮。*Très Chic*，约1941年

户外装

左页图

女演员芭芭拉·斯坦威克身着由哥伦比亚电影公司出品的电影《你属于我》中的套装和大衣。这件绿色羊毛开襟西装外套上绣有棕色横条纹。河狸毛皮大衣的内衬选用同款绿色羊毛面料。斯坦威克的无檐帽用河狸毛皮制成，配人造鳄鱼皮制手包，和黑色羊皮拼蛇皮制成的高跟鞋，1941年

上图

舞台剧演员兼好莱坞演员贝弗利·罗伯茨身着灰色午后礼服套装，定制的薄纱罗连衣裙搭配网纹刺绣开襟女士轻外套，设计有阔肩袖，长度及肘。这套服装搭配绒面革手套和一顶雅致的、饰有面纱的宽檐平顶草帽，约1940年

右图、右页图
花呢格纹旅行套装搭配叠襟斗篷，
斜戴着一顶饰有野鸡翎的男式风
格帽子。法国，约1941年

两款修身连衣裙和配套大衣。
Très Chic，约1941年

Très Chic.

CH.488 42.

CH.488 41

CH.488 43

户外装

右图
在被派往新南威尔士州采摘
樱桃之前，悉尼马丁广场的陆
军妇女队员。这些女兵穿着
1942年流行的各种样式的时
尚外套

Outerwear

户外装

上图

女演员琼·方登穿着一件羊毛混纺褶饰阔摆大衣,搭配绒面革腰带。这套服装还搭配了绒面革手套、简洁的黑色帽子、长筒接缝丝袜和羊皮拼蛇皮的半高跟鞋。雷电华影业(RKO),1942年

右页图

女演员卡伦·凡尔纳身着一套女裙套装,上身是设计有拼接装饰细节的外套,门襟配有大的装饰纽扣,下身搭配饰有工字褶的半裙,头戴着一顶饰有网纱的迷你版男式帽子。华纳兄弟影业,约1942年

下方左图、右图

蓝色日装大衣，腰部和身后下摆饰有褶裥。该款设计名为——"伊萨尔河畔（At The Isar）"（一条流经蒂罗尔、巴伐利亚、奥地利和德国的河流）——显示了服装制造商所表达民族主义情绪，这四个地区统一被视为纳粹世界新秩序的基础。德国成衣目录（公司名称不详），约1942年

粉色女裙套装和粉色马甲式外套，被命名为"心愿"（Wunschtraum），可以翻译为pipe（或idle）dream（白日梦）。回想起来，这个名字极具讽刺意味，这些衣服从来没有提供给德国妇女，即使生产，也只供出口。德国成衣目录（公司名称不详），约1942年

右页图

两款收腰阔肩大衣，海报上的主题名 " 巴登"（Baden-Baden），是黑森林（E Forest）附近一个颇受欢迎的德国温泉小镇，以此为名表明这两款大衣很适合时穿着。德国成衣目录（公司名称不详）1942年

"AN DER ISAR"
Modell 4558

"WUNSCHTRAUM"
Modell: Mantel 5200
Kostüm 5201

„BADEN-BADEN"
Modell 5188

左图、右页图

羊毛骑装风格礼服大衣，搭
你版饰有网纱的圆顶硬礼帽。
件大衣展示了受19世纪军
术风格的影响。法国，约
年

貂皮大衣，搭配装饰有丝
的头巾帽。*Parisian*，约19

23307

23308

23309

Outerwear

图，左页图

穿着一款设计有大号口袋的双排扣大衣，
有精美的纽扣。American，约1944年

大号纽扣的羊毛大衣，搭配饰有尾羽的
American，约1942年

腰带款大衣，搭配小号饰有网纱的、用
丝缎制成的帽子和绒面革手套。Amer-
约1942年

貂毛皮领的黑色阿斯特拉罕羔羊毛皮
黑色海豹皮大衣，衣领装饰有银狐毛
狐尾；灰色印度羔羊毛皮大衣，装饰
色阿斯特拉罕羔羊毛皮镶边。Atelier
a，维也纳，约1942年

户外装

上方三图
轻克重羊毛工字褶半裙套装，上身是裁有修身省道的外套，搭配貂皮披肩、丝绸手提包，一顶头巾样式的羽饰毛毡帽和漆皮露趾半高跟鞋。*American*，约1942年

棉质日装套装，设计有扇形口袋的修身外套配有工字褶的半裙，搭配貂皮披肩和露趾半高跟鞋。*American*，约1944年

设计有大口袋的单排扣羊毛大衣，搭配单肩挎包。*American*，约1942年

右页图
女演员安娜·尼格尔身穿饰有白色工字[…]边的黑色羊毛裙，搭配浅灰色双排扣军[…]格夹克。这张照片几乎可以肯定是一张[…]宣传照，她的最后一部好莱坞电影《一[…]一天》，故事讲述了从1804年到闪电战[…]伦敦的一座房子。在冲突期间，电影[…]用于战争救济。国际新闻照片，约194[…]

Outerwear

上图、右页图
模特穿着单排扣箱形羊毛大衣。*American*,
约1945年

一款装饰有海狸鼠毛皮的大衣，大衣的浅色
部分选用浅金色鹿皮制成，由菲利普·曼戈
内（Philip Mangone）设计。这件大衣设
计有中长款袖子，领口和袖口饰有海狸鼠毛
皮，约1946年

Outerwear

161. *Paletot de lainage léger à effet nouveau de collet*
162. *Veste droite présentant des manches originales.*

Croquis Elégants

156 bis. *Jersey souple drapé en un gracieux mouvement.*
156. *Lainage travaillé de pinces.*

Croquis Elég

上方左图、右图，右页图
两款宽松的箱形外套，搭配直筒窄摆裙。
Croquis Elégants，1946年夏季

一款灰色亚麻双排扣大衣，饰有穿插于腰间
的腰带；一款棕色针织垂褶日装连衣裙，上
身采用叠襟式设计，下身前中拼接有褶饰裙
摆。*Croquis Elégants*，1946年夏季

一款浅褐色的连肩袖运动款大衣；一款浅
蓝色单排扣雨衣，腰部和背部裁有收腰省道
褶。*Croquis Elégants*，1946夏季

169.
Manteau sport à manches raglan et enjué. — cement nouveau.
170. *Lainage travaillé de pinces apparentes.*

Croquis Elégants

上方左图、右图，右页图
一款单排扣黑色宽下摆大衣，饰有黑色狐狸毛皮袖；一款精纺羊毛粉色连衣裙，下身拼接有褶饰裙片。*Croquis Couture*，1946年冬季

一款深蓝色羊毛大衣，肩部饰有黑色狐狸毛皮；一款浅蓝色法兰绒日装连衣裙，腰部装饰有蝴蝶结。*Croquis Couture*，1946年冬季

一款蓝色羊毛大衣，肩部和口袋上饰有天鹅绒制填充装饰边；一款设计有腰部装饰裙片的连衣裙，肩部饰有披肩样式的荷叶褶边。*Croquis Couture*，1946年冬季

CC 1034

Lainage agrémenté
de gros bourrelets
matelassés

CC 1035

Crèpe de soie
Borderie ajourée

上方左图、右图
一款黑色女裙套装，搭配双排扣外套，臀部设计有塔层装饰细节；一款奶油色女裙套装，搭配装饰有细褶的外套。*Croquis Elégants*，1946年夏季

一款蓝色门襟不对称式宽松外套，搭配奶油色窄摆裙；一款白色单排扣宽下摆大衣，上身设计有拼贴装饰细节。*Croquis Elégants*，1946年夏季

181. Redingote de lainage étoffée de plis

Toile d'albène façonnée de piqûres et de plis creux.

181 bis

184.

Robe de crêpe mat a effet de boléro. 185.

186. Ensemble de lainage ouvragé de plis.

185. deux pièces

186. manteau

Croquis Elégants

上方左图、右图
深蓝色双排扣帆布大衣，设计有系扣式大口
袋。Croquis Elégants，1946年夏季

白色夏日连衣裙，上身是层叠式设计，裙身
拼接有褶裥裙片；装饰有褶裥裙片的棕色连
衣裙，搭配箱形大衣，大衣两侧拼接有褶裥
衣片。Croquis Elégants，1946年夏季

户外装

·弗伦奇（Peter French）设计的用羊
和丝绒制成的春装大衣，上身是围裙式
计，肩部装饰细节独特，下身是设计有
口袋的窄摆直筒裙。Studio Fleet，约
6年

女演员卡罗尔·雷穿着一条系有腰带的
苏格兰格子呢连衣裙，肩部设计有装饰
叠褶，袖口饰有格子棉贴边。百代电影公
司，1947年

上方三图

一款绿色羊毛日装大衣，上身设计有较深的袖窿。
Croquis Elégants, Éditions Bell, 1947年夏季

一款白色骑装风格夹克搭配半裙套装，搭配对比鲜明的棕色腰带和饰有蓝色缎带的帽子；一款天蓝色的男装廓形大衣。*Croquis Elégants*, Éditions Bell, 1947年夏季

一款海蓝色羊毛箱形外套配半裙套装，一款双绉印花连衣裙，连衣裙的肩部饰有垂褶，腰处饰有抽褶。
Croquis Elégants, Éditions Bell, 1947年夏季

上方左图、右图

*Modes et Travaux de Paris*杂志封面，主要展示了一件饰有毛皮领的天鹅绒冬装大衣，下摆装饰有毛皮镶边，搭配毛皮暖手筒，1947年10月

粉色羊毛短款箱形外套，衣身饰有设计巧妙的大口袋；丝绸印花修身连衣裙，上身是披肩式设计，腰部饰有装饰裙片。*Croquis Elégants*, Éditions Bell, 1947年夏季

户外装

上图、右页图

女演员卡伦·凡尔纳身穿双排扣大袖口羊毛大衣，搭配绒面革手套、皮革手包和一顶宽檐帽，约1947年。凡尔纳1918年出生于柏林，原名英格伯格·格蕾塔·卡特琳娜·玛丽-罗斯·克林克弗斯。她于1938年逃离德国，1940年定居好莱坞

饰有豹皮衣领的双排扣羊毛大衣，搭配豹皮平顶圆帽和一个信封手包，约1947年

上方左图、右图，右页图
卢西恩·勒隆设计的大衣，设计有较深的袖窿和垂落的肩部造型，里衬选用格子面料。*Album du Figaro*，冬季系列，1947年。插图：雷内·格吕奥（René Gruau）

两款由Renel和Chombert（品牌名）设计出品的阿斯特拉罕羔羊毛皮正装大衣和一款由Jasse设计出品的黑色绵羊皮大衣。*Album du Figaro*，冬季系列，1947年

迪奥宽下摆圆肩大衣，搭配Corolla式百褶裙。*Album du Figaro*，冬季系列，1947年

CHRISTIAN DIOR

上方左图、右图，右页图
两款阔肩、饰有大口袋的单排扣日装外套，这种款式在1939年开始流行起来。*Inspirations d'Avant-Saison, Éditions Bell*，1947年冬季

饰有天鹅绒贴花图案的窄摆裙套装；实穿款工字褶饰女裙套装，上身是修身省道式裁剪的夹克。*Inspirations d'Avant-Saison, Éditions Bell*，1947年冬季

一款紫色羊毛双排扣晚装大衣，衣身装饰有阿斯特拉罕羔羊毛皮，搭配配套的帽子和暖手筒；一款羊毛箱形大衣，衣身饰有毛皮且设计有夸张的阔肩造型。*Inspirations d'Avant-Saison, Éditions Bell*，1947年冬季

200.

207.

Une bande d'agrafure souligne le mouvement
nouveau des poches dans ce manteau redingote.
Confortable manteau de gros lainage, façonné de
découpes surelevées et porté ici sur un tailleur net.

户外装

左图、左下图、右页图

格纹法兰绒连衣裙，下身拼接有斜向格纹裁片；设计有大号口袋的羊毛箱形大衣，肩部设计有口袋翻盖细节。*Inspirations d'Avant-Saison*, Éditions Bell，1947年冬季

系腰带式芥末黄色灯芯绒毛皮领外套搭配窄摆裙；设计有大号口袋的浅灰色毛皮领箱形大衣。*Inspirations d'Avant-Saison*, Éditions Bell，1947年冬季

一款受军装风格影响的收腰圆臀款外套，搭配黑色直筒裙，饰有毛皮的奶油色羊毛大衣。*Inspirations d'Avant-Saison*, Éditions Bell，1947年冬季

206.

207.

Inspirée des canadiennes, cette veste de lainage à boutonnage en V se porte l'après-midi sur une jupe droite — Manteau droit orné d'amusants

户外装

下方左图、右图，右页图

棕色骑装风格收腰阔肩款大衣，腰侧设计有口袋
式装饰片；鲜艳的蓝色箱形外套。*Inspirations
d'Avant-Saison*, Éditions Bell, 1947年冬季

淡绿色骑装大衣，腰侧设计有大号口袋式装饰片
（领子装饰有阿斯特拉罕羔羊毛皮）；一款灰色单排
扣毛领大衣，腰侧设计有口袋式装饰片。*Inspira-
tions d'Avant-Saison*, Éditions Bell, 1947年冬
季

橄榄绿色羔羊毛皮领大衣，上身设计有敞开式叠穿
设计，搭配配套暖手筒；受军装风格影响的收腰阔
肩款毛领大衣。*Inspirations d'Avant-Saison*, Édi-
tions Bell, 1947年冬季

214.

Un effet fort nouveau de bolero se retrouve sur cet élégant man-
teau de lainage à col d'astrakan noir. Travail de pinces à la taille
d'allure martiale, cette redingote de drap rouge est allurée d'
une double rangée de boutons. Plis souples aux épaules.

215.

户外装

上方左图、右图，右页图

格纹羊毛箱形大衣，衣身拼接有斜向格纹裁片；淡黄色法兰绒日装连衣裙，设计有装饰性的前中裙片，上身和腰部饰有省道褶。*Inspirations d'Avant-Saison*, Éditions Bell, 1947年冬季

黑色天鹅绒大衣，衣身前片饰有大块毛皮；黑色羊毛日装连衣裙，上身和臀部饰有天鹅绒带状拼贴装饰。*Inspirations d'Avant-Saison*, Éditions Bell, 1947年冬季

棕色天鹅绒外套，胸部和臀部设计有大的装饰性口袋，搭配格纹宽褶裙；灰色雨衣，设计有大的嵌入式口袋。*Inspirations d'Avant-Saison*, Éditions Bell, 1947年冬季

231.

232.

En daim ou en velours côtelé, cette confortable canadi-
-enne est ornée de poches à revers et croisée de côté —
très original, ce manteau à fermeture oblique, dissimule
de grandes poches sous les fermetures repliés du devant

户外装

上图、右页图

灯笼袖貂皮大衣，长度至及脚踝，搭配珠绣

Outerwear　　贝雷帽和羊毛绉手套，约1947年

GALYAK

AMERICAN
BROADTAIL

KRIMMER

上图、左页图
模特穿着一件系腰带款羊毛绉深袖窿大衣。
American，约1949年

女演员珍妮丝·利的皮草大衣宣传照。她穿
着一件系腰带款方肩大衣，衣服选用美国大
尾羔羊毛皮制作，附有三张不同毛皮的特写
照片，约1947年

户外装

左上图、左下图、右页图
两款旅行三件式套装，搭配长款窄摆裙，修身马甲和披肩；切斯特菲尔德大衣。*Robes Idées Sport*, Éditions Thiebaut, 1948 年冬季

灰色棉质大衣式连衣裙，搭配真丝领巾；棕色法兰绒大衣式连衣裙，裙身饰有大口袋，展示了军装风格对此款设计的影响。*Robes Idées Sport*, Éditions Thiebaut, 1948 年冬季

系腰带款，长度至小腿的羊毛和人造丝混纺格子大衣，1948年

上方三图
单排扣马球大衣搭配束发带。*American*,
约1948年

羊毛单排扣大衣，衣身饰有超大号口袋和
精美的大纽扣，搭配一个人造皮革手提
包。*American*，约1948年

棉质女裙套装，上身是修身省道剪裁式外
套，搭配单侧垂褶半裙。*American*，约
1948年

Outerwear

上方三图

精致的女裙套装，设计有装饰拼接细节的外套搭配窄摆直筒裙，配饰包括双貂皮披肩、半高跟鞋和丝带装饰的毛毡贝雷帽。*American*，约1948年

羊毛绉单排扣大衣，搭配饰有网纱的贝雷帽。*American*，约1942年

双排扣马球大衣，设计有大的翻领和袖口，内搭半裙和衬衫，配饰有小草帽、皮手套，绒面革手提包和饰有蝴蝶结扣夹的绒面革高跟鞋。*American*，约1943年

上方左图、右图

芥末黄色窄摆裙套装，上身是拼有阿斯特拉罕羔羊毛皮的外套；双排扣加拿大女式外套，搭配直筒裙。*Modèles Originaux*，1948年冬季

巧克力棕色大衣，背部设计有内工字褶；灰色大衣设计有不对称式前门襟，臀部廓形圆润、宽松的下摆。*Modèles Originaux*，1948年冬季

上方左图、右图，左图

绿色箱形大衣，肩部饰有叠褶；蓝色外套，
设计有不对称式前门襟，下身饰有内工字褶。
Modèles Originaux，1948年冬季

巧克力棕色男式箱形外套，芥末黄色系腰带
款雨衣。*Modèles Originaux*，1948年冬季

橄榄绿色双排扣箱形外套，酸橙绿色定制
款双排扣女裙套装。*Modèles Originaux*，
1948年冬季

上方左图、右图

双排扣红色灯芯绒大衣，绿色筒状收腰大衣，饰有阿斯特拉罕羔羊毛皮装饰的翻领和口袋镶边。*Modèles Originaux*，1948年冬季

粉色插肩袖宽下摆雨衣，深蓝色冬季大衣，设计有毛皮装饰的直领和袖口。*Modèles Originaux*，1948年冬季

上方左图、右图

卡其色风雨衣,其拼接设计突出了臀部和胸部曲线;亮绿色冬季大衣,饰有阿斯特拉罕羔羊毛皮翻领和口袋装饰贴片。*Modèles Originaux*,1948年冬季

酒红色双排扣骑装式大衣,深蓝色单排扣冬季大衣。*Modèles Originaux*,1948年冬季

户外装

上方左图、右图，右页图

Modes de Paris 封面展示了一款蓝色羊毛宽下摆大衣，肩部和袖口装饰有刺绣图案，1948年4月

Modes de Paris 封面展示了一款灰色单排扣定制大衣和一款棕色饰有大口袋的箱形大衣，内衬格子面料，1949年9月

女演员奥利维亚·德·哈维兰穿着一件格子羊毛宽摆大衣，搭配皮手套和毛毡帽。这是她1949年主演的电影《女继承人》的宣传照

上方左图、右图，左页图，下页面
*Modes de Paris*的封面，模特穿着一件饰
有毛皮小翻领的绿色双排扣短款箱形大衣，
搭配棕色宽下摆半裙，另一位模特穿着红
色定制套装，上身是裁有修身省道褶并装
饰有箭头图案的外套，下身是一条A字裙，
1949年1月

*Modes de Paris*的封面展示了一款酒红色
双排扣羊毛连帽大衣和一款米色羊毛定制
大衣，设计有刺绣图案装饰的翻领和口袋，
1949年2月

模特穿着一件羊毛绉箱形大衣，沿着衣领至
门襟下摆饰有宽幅貂皮，袖口也饰有貂皮。
American，约1948年

连衣裙配大衣套装精选。*Modes de Paris*，
1949年9月

户外装

M.8.441 M.8.442

SERV

COMMANDES ET RÈGLEMENTS. — Par lettre adressée de Paris » (Service des Patrons), 104, avenue de Ville en indiquant TRÈS LISIBLEMENT : le numéro du patro ainsi que votre adresse COMPLÈTE. Pour être servie joignez à votre lettre un MANDAT-POSTE ordinaire du votre commande majoré d'autant de fois 20 francs d'emballage et d'expédition, que vous commandez de pa

IMPORTANT. — Votre mandat vous coûtera moins faites ajouter par l'employée des postes notre numéro PARIS 6.185-11. Ne pas utiliser de mandats-cartes, votre envoi.

MESURES. — Nous indiquer très exactement : larger largeur dos (entre les coutures des manches) ; tour de de taille ; tour de hanches ; longueur du corsage (du cou longueur totale ; pattes d'épaules (du cou à l'emmanc seur : 1° bras, 2° poignet ; longueur bras : 1° de l'em coude, 2° totale, jusqu'au poignet.

LIVRAISON. — Sous 15 jours au maximum. Notre Service des Patrons, 104, avenue de Villiers, charge de l'exécution des patrons de tous les modèles

DEMANDEZ NOS PATRONS " Sélectionnés "
Nous signalons à nos lectrices de Paris et de la ban lainages pour leurs robes, tailleurs et manteaux d'auto de Paris » aux prix de fabrique.

PATRON-
PRIME
N° 8.446
à 50 %
Modes de Paris

Voir page 5

M. 8.441. — Manteau, grand col, 2 boutons, revers de poches décollés ; au dos, couture montante formant gros godets, plis creux au milieu partant de la découpe de la taille. Métr. : 3 m. 25 en 140.

M. 8.442. — Robe croisée boutonnée, col revers soierie, découpe à la taille devant et plis ronds tombant souples devant, dos uni. Manches longues ajustées. Métr. : 2 m. 70 en 140.

M. 8.443. — Robe lainage écossais, le haut formant empiècement emboîtant les épaules, tissu uni ainsi que les revers des manches trois-quarts. Corsage ajusté deux pinces devant, deux pinces au dos. La jupe est montée à pinces se terminant en pli tout autour, sauf au milieu du devant qui a un pli plat ; fermeture éclair au milieu du dos, dans la couture, formant pli creux au bas. Métr. : 3 m. 50 en 140.

M. 8.444. — Robe en jersey. Revers devant et boutonnée au milieu, découpe de chaque côté du corsage se continuant en biais et formant pli rond de chaque côté de la jupe, avec garniture de boutons. Au dos, coutures au corsage et pince en haut de la jupe. Manches longues ajustées. Métr. : 2 m. 80 en 140.

M. 8.445. — Manteau lainage uni avec col et revers de poche en écossais ; coutures cintrant la taille devant, au dos trois coutures se terminant en plis. Métr. : 3 m. 25 en 140.

M. 8.446. — Manteau lainage. Grand col et revers avec grosse piqûre, forme croisée boutons et ceinture. Découpe formant poche et pli de chaque côté, avec garniture de boutons. Au dos, trois coutures allant jusqu'en bas et formant godets. Métr. : 3 m. 25 en 140.

M.8.443 M.8.445 M.8.444

MANTEAU

M.B.451

x provenant d'autres journaux et albums, mais seule
et à l'exception des modèles signés des grand

DES PATRONS

	T. 44 seulement	Sur mesures
orge, culotte, chemise jour,	75 fr.	110 f
jupe courte, short, combinaison,	100 fr.	165 f
tte longue, jupe-culotte, pan- bain-de-soleil, combinaison-	110 fr.	185 f
ain, tunique		
hemise nuit, pyjama, déshabillé,	135 fr.	270 f
ailleur, 2 pièces	185 fr.	300 f
du soir, 3 pièces		

ENFANTS Moins 5
tume 2 pièces, pardessus, robe,	de 5 ans à 12 an	
a, jaquette, pantalon garçonnet	85 fr.	110 f
culotte, lingerie, chemise jour,	75 fr.	85 f
	1er âge : 50 fr.	2e âge : 90 f

S " Modernes " à 45 fr. (Voir page 3)

rvice des Patrons, 104, avenue de Villiers, des
nt vendus, grâce aux marchés passés par « Modes

M.B.448

M.B.452

M.B.44

M.B.449

M.B.450

M. 8.447. — Manteau habillé en granité. Col châle avec double col, coupé à la taille, le bas en forme, avec mouvement de godets ; au dos, garniture de piqûres matelassées formant pointe au dos. Métr. : 3 m. 25 en 140.

M. 8.448. — Robe avec mouvement de grand croisé. Col châle, revers de poche décollé et appliqué sur le côté droit en biais ; avec retombé souple sur l'autre côté. Métr. : 2 m. 80 en 140.

M. 8.449. — Robe habillée. Corsage ajusté fendu devant, drapé à plis sur les hanches, faisant bien plat et ne grossissant pas, jupe droite devant. Au dos, grand boutonnage sur le côté, couture faisant pli du bas sur le côté droit ; les plis du drapé se terminent sous ce panneau. Métr. : 2 m. 80 en 140.

M. 8.450. — Manteau à grand col replié, boutonné devant à la taille par trois boutons rapprochés ; coutures montantes devant et dos, formant pli creux tombant souple de chaque côté, donnant beaucoup d'allure. Métr. : 3 m. 25 en 140.

M. 8.451. — Robe avec col et revers tailleur, forme croisée, boutonnée ; découpe formant poches avec revers bordés de tresse. Les coutures du devant forment plis creux au bas ; dos uni, manches longues ajustées. Métr. : 2 m. 80 en 140.

M. 8.452. — Manteau redingote. Col garni tresse ou soutache, grand revers croisé deux boutons, découpe ajustant le buste et terminant à la poche à grand rabat. Couture au milieu du dos, pli creux au bas. Manches droites garnies tresse ou soutache au bas. Métr. : 3 m. 25 en 140.

户外装

晚礼服

302

上图

女演员马克西·拉斯科身穿紫铜色金银丝织锦缎晚宴礼服，上身采用叠襟式设计，下身为及地百褶裙。哥伦比亚广播公司（CBS）时尚频道，1940年

右页图

女演员弗吉尼亚·布鲁斯身着花卉印花真丝雪纺细肩带礼服，裙摆灵动飘逸。环球影业，1940年

Eveningwear

晚礼服

organdi à motifs
matelassés
a

b.
drap à ruches
de même tissu

satin
pékiné
c

.32.

上方左图、右图

三款及地晚礼服大衣，中间是一款毛皮镶边的连帽大衣，既时髦又具有实穿性，连帽的款式能让穿着者在深夜进入防空洞时起到保暖作用。*Idées (Manteaux et Tailleurs)*，1940年冬季

三款正装晚礼服套装，右边是内附有裙撑的半裙搭配修身刺绣外套的款式。这条裙子的设计让人想到19世纪中期的廓形。*Idées (Manteaux et Tailleurs)*，1940年冬季

贴花图案的红色欧根纱夹克，搭配及；黑色骑装外套，搭配及地长裙，臀营造裙撑的效果；灰色条纹重缎夹及地长裙套装。*Idées (Manteaux et rs)*，巴黎，1940年夏季

晚礼服

velours antifroiss a
garni
d'hermine
blanches

b
velours de soie garni
de martre

c
drap garni d'une
broderie de métal

30.

上图

三款正装晚礼服套装，是及地窄身长裙搭配
设计有不同装饰细节的定制外套的组合。晚
礼服套装的流行暗示了人们对服装的实用
性需求日益增加，因为外套可以与其他的日
常裙装搭配，增加更多的穿着机会。*Idées
(Manteaux et Tailleurs)*，1940年冬季

下图
五款奢华的晚礼服披肩，最上面一款披肩由
海豹皮和麝猫毛皮制成，左下角一款披肩
用白貂皮制成，饰有完整的银狐尾毛皮镶
边，下一款是用大尾羔羊毛皮制成的小披
肩，饰有银狐毛皮领，然后是一款华丽的浅
色狐狸毛皮披肩，最后是饰有银狐毛皮领和
下摆镶边的大尾羔羊毛皮披肩。*Les Grand
Modèles: Fourrures*，1940年

24370
24371
24372
24373
24374
24375

24370 Cette cape en sealskin est richement ornée de civette.
24371 Très original ce col en loutre.
24372 Cape du soir en hermine, bordée de bandes en renard; le pan est alourdi
d'une queue de renard.
24373 Avec les robes élégantes, on portera cette cape ample, faite en broadtail
et garnie de renard.
24374 Très moderne cette cape du soir en renard clair.
24375 Une parfaite version de la cape du soir. Modèle exécuté en breitschwanz
et orné de renard.

晚礼服

24376

24377

24378

24379

24376 Sur cette cape du soir, les bandes de vison sont
employées en sens différents.
24377 D'un effet très jeune, cette cape du soir est com-
posée de renards bleus.

24378 Petite veste du soir en hermine ou en loutre. Façon
cintrée, animée de parties-revers en renard polaire.
24379 Pour le soir ce manteau en peluche noire, touchant
la terre et garni de renard argenté.

32

上方左图、右图，左页图
三款晚礼服女裙套装：淡蓝色塔夫绸连衣
裙搭配连帽披肩；印花裙搭配丝缎制羊腿
袖束腰外套；丝绉纱连衣裙，搭配短袖长外
套。*Idées (Manteaux et Tailleurs)*，巴黎，
1940年夏季

三款晚礼服套装，是设计有腰侧装饰裙片的
连衣裙和两款窄身裙搭配定制外套的组合。
Très Chic，约1941年

短款狐狸毛皮斗篷，领后还装饰有狐狸头；
貂皮斗篷，采用条状毛皮拼贴呈不同方向的
图案；定制貂皮外套饰有北极狐毛皮领；人
造长毛绒及地大衣，饰有银狐毛皮领和臀
侧装饰镶边。*Les Grand Modèles: Fourru-
res*，1940年

晚礼服

上图、右页图
女演员特蕾莎·赖特身穿真丝珠绣礼服，搭配钻石手镯和珍珠项链。乔治.赫里尔为Roto拍摄的照片，1941年

模特穿着罗伯特·弗罗斯特（Robert Frost）设计的白色欧根纱晚礼服，上身设计有热带花形印花刺绣图案，裙身装饰有上身同款花形贴花，1941年

晚礼服

左页图、上图
女演员芭芭拉·斯坦威克身穿黑色配白色重
磅真丝晚礼服，短款上衣饰有蝴蝶结，裙身
上饰有绳编色金色流苏，约1941年

女演员玛德琳·卡罗尔身着一件黑色重绉及
地长度晚宴礼服。派拉蒙影业，1941年

晚礼服

Robes

Dessins de Karsavina

Maggy Rouff
Robe en faille bleu marine
la jupe très ample est
incrustée d'un large biais
froncé en satin rubis.

上图、右页图

玛格·罗芙的深蓝色罗缎及地晚礼服，前后
裙身带有酒红色缎面垂落式裙撑。*Images
de France*，1941年4月

浪凡设计的长袖及地连衣裙，裙身和袖子
饰有绗缝格子图案；勒隆设计的芥末黄色
重绉阔臀无袖连衣裙；巴黎罗莎设计的三
种颜色互搭的真丝薄纱连衣裙。*Images de
France*，1941年4月

longues

J. Lanvin.
grands damiers de deux
...s de bleu sont ici combinés pour exécuter
...mple jupe de cette robe à manches longues.

L. Lelong
Robe en crêpe lourd, deux poches
donnent de l'ampleur aux hanches.

M. Rochas
trois tons, ici, s'harmonisent
admirablement pour
exécuter cette robe drapée
dans de la mousseline
de soie à pois noirs.

晚礼服

上图、左页图
拍摄于1941年的柯达彩色照片，一名女子身穿"勿忘我"蓝色晚礼服，头戴花朵装饰的头饰，脖颈上饰有珍珠项链

女演员迪安娜·德宾身着一件时髦的黑色丝绸晚宴礼服，搭配银色重工刺绣腰带和头巾，这件礼服由1940年代环球影业首席设计师之一的维拉·韦斯特（Vera West）设计。环球影业，1941年

晚礼服

318

右图
女演员琼·派瑞
身穿银色丝织锦
缎深v领礼服。
华纳兄弟影业，
1941年

Eveningwear

上图
好莱坞女演员琼·贝内特身着一件蓝色的抹
胸连衣裙，搭配薄纱围巾。在1920年代的
好莱坞，贝内特以一个天真无邪的金发女郎
形象开始了她的职业生涯，但在1930年代
中期，她将自己转变成迷人的蛇蝎美人形
象。联美电影公司明星档案，约1941年

Eveningwear

右页图
女演员玛娜·洛伊身穿一件黑色丝绒束腰礼
服，领口是心形绕颈式设计。裙身散落饰有
黑色珠子，搭配镶钻树脂手镯。米高梅影
业，1941年

上方左图、右图

印花丝缎和真丝网纱制成的鸡尾酒会礼裙,上身是紧身胸衣,下身为宽下摆长裙。*Parisian*,约1942年

古希腊风格的正装晚礼服,整件礼服上下饰有多处抽褶。臀部的双向垂褶营造出一种自带裙撑的效果。这可能是1941年阿利克斯·巴顿(Alix Barton)的一件礼服的复制品,1942年她被称为格雷丝夫人(Madame Grès)

Eveningwear

上方左图、右图

黑色配白色，用丝缎和网纱制成的晚礼服，上身是紧身式设计饰有黑色网纱，这是19世纪60年代风格的裙撑式裙装设计。*Parisian*，约1942年

一款丝缎拼天鹅绒及地长度晚礼服，搭配短外套，这是19世纪60年代风格的裙撑式裙装设计。*Parisian*，约1942年

晚礼服

上图

女演员维吉尼亚·西姆斯身着南方美人风格的珠饰晚礼服。1939年《乱世佳人》上映后，这些浪漫的礼服成了时尚的热门，在成衣市场的各个角落都能买到，证明了它们的受欢迎程度。雷电华影业，1942年

右页图

女演员米歇尔·摩根穿着雪纺和黑色饰有亮片的蕾丝制成的晚礼服，性感的上身是用褶皱的雪纺拼缝蕾丝花边制成。国际新闻照片，1943年

上图

女演员莱斯利·布鲁克斯身着一件无肩带丝
缎心形领口礼服,裙身饰有对比鲜明的黑色
蕾丝花边。这张照片是1920年代至1960
年代的著名摄影师莫里斯·西摩(Maurice
Seymour)的作品,约1944年

右页图

女演员玛格丽特·琳赛身穿一件饰有重工钉珠领
口的晚礼服,裙身用横条纹面料制成,袖子上也
装饰有同款面料。摄影:A.L. 环蒂·谢弗(A.
L. Whitey Shafer),约1944年

右页图、上图
在底特律初次亮相的少女苏珊娜·斯图佩尔
身着天鹅绒雪纺晚礼服，褶饰胸衣式上身配
宽摆裙，1946年

模特穿着浪漫的丝缎及地长度宽下摆晚礼
服，裙身饰有大的花朵贴花装饰，也可取下
作为胸花佩戴。墨西哥旅游局，1946年

Eveningwear

上方左图、右图，右页图
Nina Ricci的黑色塔夫绸连衣裙，前身装
饰一件白色丝缎制成的围裙，并饰有彩色亮
片和黑色蕾丝花边。这条裙子搭配了一件毛
皮镶边的披肩，1946年

布吕耶尔（Bruyère）设计的丝缎晚礼服大
衣，设计有悬垂肥大的袖子并装饰有刺绣图
案，1946年

杰奎斯·菲斯（Jacques Fath）设计的用
丝缎和真丝网纱制成的无肩带式紧身胸衣
款晚礼服，1946年

Eveningwear

PAQUIN

WORTH

左图
帕康与沃斯时装屋设计的两件
插图：雷内·格吕奥，1946

MOLYNEUX

左图
Molyneux时装屋设计的黑色天鹅绒露肩及地长度晚礼服。插图：雷内·格吕奥，约1946年

Autour d'un cocktail

MARCEL ROCHAS — *tissu Bianchini Ferier.*

JEANNE LANVIN

左页图、下图

浪凡设计的黑色丝缎和真丝网纱制成的连衣裙，上身是绣制有亮片的紧身收腰式设计。马萨尔·罗莎设计的黑色配粉色酒会礼服，上身是紧身胸衣，下身是筒状窄摆裙，这款礼服选用的面料是由Bianchini-Férier（译者注：法国里昂的真丝品类面料制造商）生产出品的，1946年

玛格·罗芙设计的黑色晚礼服套装，重缎及地长裙搭配饰有毛皮镶边的修身天鹅绒外套，1946年

MAGGY ROUFF

Eveningwear

左页图、下图
女演员埃拉·雷恩斯，身穿一件饰有金色花朵图案
的棕色真丝薄绸晚礼服。环球影业，1946年

克里斯汀·迪奥的时装秀，展示一条黑色丝缎宽下
摆长裙，搭配一件饰有金色和珠钻刺绣细节的亚
麻夹克。帕特·英格利（Pat English）为Time &
Life拍摄的照片，1947年3月

晚礼服

左页图、上图

克里斯汀·迪奥时装秀，展示一条蓝色塔夫
绸晚宴礼服，裙身饰有反向花卉图案设计。
帕特·英格利为 *Time & Life* 拍摄的照片，
1947年3月

模特露丝·康克林穿着一件克里斯汀·迪奥
的裙子，前身设计有若隐若现的开口。尼
娜·利恩（Nina Leen）为 *Time & Life* 拍摄
的照片，1947年9月

晚礼服

Eveningwear

丝缎晚礼服，设计有宽大的盖肩袖，大装饰短裙配宽腰带。帽子的背面装饰有的褶饰网纱，腰部的装饰短裙模仿礼服后长的裙摆。这套服装搭配网状手套、项链、珍珠耳环和珠串手镯。*Ameri-*约1947年

露丝·康克林穿着克里斯汀·迪奥的低颈礼服。尼娜·利恩为 *Time & Life* 拍照片，1947年9月

上图、右页图
女演员安德丽·金身穿手工针织"苏西（Suse）"
毛衣和配套的半裙。上衣和裙子都饰有毛毡叶子
贴花图案。华纳兄弟影业，1947年

女演员格洛丽亚·格雷厄姆身穿一件设计有垂褶方
肩造型的及地晚礼服，领口和腰部装饰有珠绣图

Eveningwear　案，约1947年

晚礼服

下图

模特穿着一件哈蒂·卡内基（Hattie Car-
negie）设计的白色爱尔兰薄型亚麻细布制
成的晚宴礼服，整件礼服装饰有手工蕾丝
花边。卡内基是纽约的一名时尚企业家，她
在1923年开设了自己的第一家高级定制时
装店，并在整个职业生涯中获得了巨大的成
功。Acme新闻图片，1947年

右页图

卢西恩·勒隆设计的紧身收腰款黑色
服，上身后部设计有装饰裙撑细节；巴
家设计的紧身黑色筒形连衣裙，搭配缎
带和紫色敞开式短款外套。插图：雷内
吕奥，1947年

LUCIEN LELONG

BALENCIAGA

晚礼服

MAD CARPENTIER

ROBERT PIGUET

Eveningwear

左页图

Mad Carpentier时装屋设计出品的窄摆
及地长裙，搭配绿色中长款大衣和红色羊
绒披肩；罗伯特·皮盖设计的黑色紧身晚
礼服，饰有真丝网纱制宽摆罩裙。插图：雷
内·格吕奥，约1947年

下图

卢西恩·勒隆设计的金色提花锦缎晚礼服，
上身是褶饰紧身胸衣式设计；巴尔曼设计的
黑色提花锦缎晚礼服，领子和腰部装饰短裙
都饰有毛皮镶边，搭配毛皮暖手筒。*Album
du Figaro*，冬季系列，1947年

晚礼服

下图
Nina Ricci设计的无肩带束腰及地晚礼服，
上身与宽下摆裙身上都装饰有蕾丝花边。
Album du Figaro，冬季系列，1947年

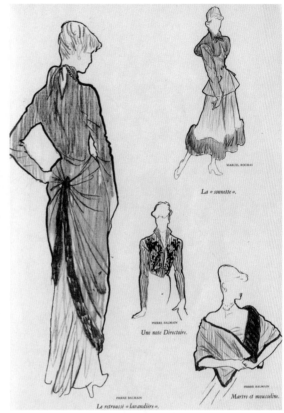

上方左图、右图
帕康设计的无肩带露背款三层式晚礼服，马萨尔·罗莎设计的天鹅绒网纱晚礼服，上身胸部以上拼接网纱，下身是内附有裙撑的宽下摆长裙，裙身拼缝有网纱裙片。*Album du Figaro*，冬季系列Winter Collections，1947年

巴尔曼设计的晚礼服，背面设计有聚拢和悬垂的褶皱装饰细节并饰有毛皮镶边；马萨尔·罗莎设计的女裙套装，饰有毛皮镶边的半裙搭配配套的夹克；立领刺绣衬衫，以及一款双面毛皮披肩——均出自巴尔曼之手。
Album du Figaro，1947年

晚礼服

WORTH

MAGGY ROUFF

右页图
浪漫的露肩及地晚礼服，领口和裙摆都装饰有褶饰蕾丝花边。*Inspirations d'Avant-Saison*, Éditions Bell, 1947年冬季

上图
沃斯设计的粉色丝缎晚礼服，搭配设计有较深袖窿的配套毛领外套；玛格·罗芙设计的晚礼服，上身设计有盖肩袖，下身是饰有刺绣图案的丝缎长裙，整件礼服边缘都装饰有小绒球。*Album du Figaro*，冬季系列，1947年

Eveningwear

INSPIRATIONS
D'AVANT SAISON

223.

上图

绿色针织露背晚礼服，裙身装饰有交叠的
褶饰带，饰带尾端形成荷叶边垂落于裙前。

Inspirations d'Avant-Saison, Éditions

Eveningwear　　Bell，1947年冬季

上方左图、右图
粉红色真丝薄纱宽下摆晚礼服，肩部和胸部饰有聚拢的褶皱，并装饰有蓝色天鹅绒饰带。*Croquis Élégants*，Éditions Bell，1947年夏季

白色薄纱束身款连衣裙。*Croquis Élégants* Éditions Bell，1947年夏季

晚礼服

右图、右页图

侧面垂褶的无肩带针织晚礼服和围巾领式
垂褶丝缎晚礼服。*Croquis Élégants*, Édi-
tions Bell, 1947年夏季

格雷斯夫人设计的古希腊风格晚礼服，卢西
恩·勒隆设计的无袖宽下摆晚礼服，让·德
塞设计的帝政风格的深 V 形露背礼服。插
图：德尼斯·德·柏薇菈, 1947年

GRÈS　　　　　LUCIEN LELONG　　　　　JEAN DESSÈS

Compositions de Denyse de Bravura.

晚礼服

328

Robe de satin transformée en une somptueuse robe du soir à décolleté audacieux

左图
垂褶丝缎古希腊风格晚
Croquis Élégants, Édi
Bell, 1947年夏季

L'effet de traîne, se drape en avant de la jupe, dans la robe de dîner.

331

左图
垂褶丝缎晚礼服，上身装饰有
叠褶饰片。*Croquis Élégants,*
Éditions Bell, 1947年夏季

上图

女演员菲利丝·卡沃特身穿一件浪漫的丝绸泡泡袖晚礼服，上身是褶饰叠襟式设计，佩戴的装饰假花也可用于发型装饰。环球影业，1948年

Eveningwear

右页图

鹰狮电影公司（Eagle Lion films）发行的电影《冷血如冰》的一个场景中，女演员戴安娜·琳身穿一件欧根纱连衣裙，设计有绑带式束腰，裙侧饰有花卉装饰细节，1948年

左图、右页图

黑色天鹅绒晚礼服，设计有
式心形领口，搭配白色山羊
套，小号黑色真丝手提包
色皮革玛丽珍凉鞋。*Amer*
约1948年

女演员亚历克西斯·史密斯
饰有金色丝织图案的运动
晚宴套装，是一款饰有硬币
金色圆点的白色丝绸衬衫
白色平纹针织长裙。华纳
影业，1948年

Christian DIOR. Fourreau de drap noir complété d'un paletot en velours brodé d'or et cabochons barbares.

ÉDITIONS ÉDOUARD BOUCHERIT
10, RUE DE LA PÉPINIÈRE - PARIS

Novembre 1948. - N° 575. - 30e Année
Prix : **40 francs**
IMPRIMÉ EN FRANCE

上图

*Modes et Travaux de Paris*封面，展示了
一件迪奥的华丽刺绣天鹅绒夹克，搭配黑色
紧身连衣裙，1948年11月

Eveningwear

右页图

女演员安·谢丽丹身穿一件盖肩袖晚礼服，
臀部周围装饰有毛皮，搭配长款晚装手套和
头巾，1948年

上图、右页图
杜菲彩色工艺拍摄的一张照片，展示了一名
模特穿着一件晚礼服，上身饰有花卉图案，
下身是深蓝色网纱裙，1948年

模特穿着克里斯汀·迪奥的深蓝色天鹅绒礼
服。下身是长及小腿的喇叭裙，腰部装饰
有丝缎制蝴蝶结。上身是露肩吊带式的设
计。尼娜·利恩为 *Time & Life* 拍摄的照片，

左图、右页图
方格花纹晚礼服，腰部饰有泡芙状装饰
短裙，搭配真丝锦缎制芭蕾舞式平底鞋。
American，约1949年

正装晚礼服精选，Nina Ricc倡导的时尚
浪漫风格。*Album des Modes, Favorite*,
1949年冬季

Grande Soirée

F2395

F2396

F2397

F2398

晚礼服

Minuit

F 2363

F 2362

F 2364

F 2361

F 2361 Pour le bal cette robe exquise en satin bleu, violet et lavande garnie de roses à l'encolure.

F 2362 Robe du soir en reps cerise, corsage bien ajusté et jupe à effet de tournure décoratif.

F 2363 Robe de gala en velours or avec décolletage profond et ligne de dos à drapé élégant.

F 2364 Un broché à grand ramages fera cette robe de gala dont le drapé souple des épaules fait châle.

左页图、上图
晚礼服精选,其中两款礼服有臀部裙撑式的设
计,另一款是裙撑式装饰短裙的设计。*Album
des Modes, Favorite*, 1949年冬季

女演员阿琳·达尔身穿翠绿色和白色府绸制成
的夏日晚礼服,下身饰有翠绿色三叶草毛毡贴
花图案,手拿同款贴花图案披肩,1949年

晚礼服

配饰

上图，下方左图、右图

这三款帽子是在纽约一场时装秀上展
"主角帽"。从左到右：一顶五彩缤纷的
帽，一顶斜戴的棕色毡帽和一顶紫色的
毡帽。*Buffalo Evening News*，1940

白色的俏皮A字裙搭配棉质条纹蕾丝
的时尚度假套装。*Buffalo Evening N
1940年

黑色丝缎连衣裙，设计有肩部缩褶，
饰有丝线编绳式腰带和抽褶。*Buffalo
ning News*，1940年

Accessories

下图
一组配饰套装，包含一个手提包、一副手
套、一条水洗羔羊皮腰带和杜兰丝光棉线网
纱帽。*Buffalo Evening News*，1940年代

GABRIELLE

UN LARGE RUBAN DE GROS-GRAIN
CEINTURE CE FEUTRE NÈGRE, ÉCLAI-
RÉ D'UNE TOUFFE DE BRUYÈRE.

UNE ÉPINGLE D'OR FIXE CE PLATEAU
QUI EST DISSIMULÉ SOUS UN CHOU
DE TAFFETAS NOIR DÉCHIQUETÉ.

POUR L'APRÈS-MIDI CE GRAND CHA-
PEAU DE FEUTRE NOIR EST CEINTURÉ
D'UN ÉTROIT RUBAN DE GROS-GRAIN.

Accessories

上图、左页图

法国 *Marie Claire* 杂志封面，模特身穿蓝色
波卡圆点衬衫裙，头戴装饰有蓝色丝带和人
造花束草帽。封面以蓝、红、白为主色调，
这是1940年3月休战前后在法国常见的色
调，明显体现了爱国主义精神

Gabrielle的三款斜戴式帽子。*Chapeaux
Élégants*，约1940年

配饰

下图
三款午后礼服配定制女裙套装，搭配帽
子、手套和手包。*Idées (Manteaux et Tail-
leurs)*，巴黎，1940年夏季

下图
三款A字裙套装，搭配剪裁合体的短款夹克和相应的黑色配饰。*Idées (Manteaux et Tailleurs)*，巴黎，1940年夏季

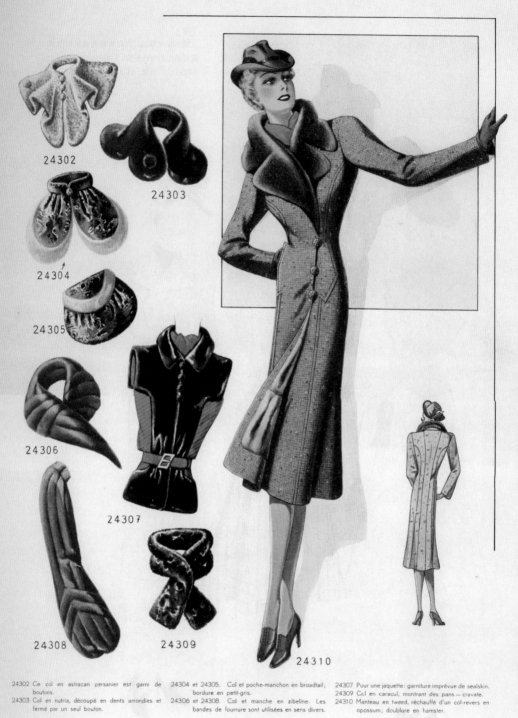

24302

24303

24304

24305

24306

24307

24308

24309

24310

24302 Ce col en astracan persanier est garni de boutons.
24303 Col en nutria, découpé en dents arrondies et fermé par un seul bouton.

24304 et 24305. Col et poche-manchon en broadtail; bordure en petit-gris.
24306 et 24308. Col et manche en zibeline. Les bandes de fourrure sont utilisées en sens divers.

24307 Pour une jaquette: garniture imprévue de sealskin.
24309 Col en caracul, montrant des pans — cravate.
24310 Manteau en tweed, réchauffé d'un col-revers en opossum; doublure en hamster.

16

粗花呢负鼠毛皮翻领大衣，内衬仓鼠毛皮，
还有一些精选毛皮配饰，包括海豹皮背心
和各式衣领。*Les Grand Modèles: Fourru-*
res，1940年

下图
三款女裙套装，A字裙搭配饰有毛皮或穗带
装饰的修身外套。这些帽子是无檐军装帽
的一种时尚化版本。*Idées (Manteaux et*
Tailleurs)，1940年冬季

flanelle et
petit-gris.

a

drap clair et foncé
et patte d'astrakan

b

flanelle à
applications
oppossum

c

13.

上方左图、右图，左页图
三款正装女裙套装，腰部设计有装饰裙摆的外套搭配窄摆裙。左边的一套搭配一顶黑色的小帽，中间一套搭配配套暖手筒和棕色卷边帽，右边一套搭配一顶简单的灰色帽子。*Idées (Manteaux et Tailleurs)*，1940年冬季

三款女裙套装，夹克是窄身定制款，搭配军装风格的毛皮装饰细节和相应的配饰。*Idées (Manteaux et Tailleurs)*，1940年冬季

三款女裙套装，短款定制夹克搭配A字裙和一系列配饰，有帽子、手包和舒适的鞋子。西装和鞋子反映了人们对实用性和舒适性日益增长的需求。*Idées (Manteaux et Tailleurs)*，1940年冬季

配饰

上图

三款蓝色女裙套装，都是定制夹克配A字裙的组合，搭配简单的半高跟鞋和精选的帽子。中间的夹克饰有貂皮装饰的翻领。*Idées (Manteaux et Tailleurs)*，1940年冬季

右页图

三款女裙套装，定制夹克上都饰有毛皮装饰细节，搭配A字裙。三个模特都佩戴风格统一的帽子，左右两个模特都配有毛皮暖手筒。*Idées (Manteaux et Tailleurs)*，1940年冬季

drap garni
d'astrakan

velours antifroiss garni d'astrakan
et à devant froncé.

drap garni
d'astrakan.
jupe à sections
sur le devant

a

b

c

18.

a

b

c

lainage à
piqûres matelassés
et patte d'astrakan

tweed et
breit'schwantz
caracul

lainage garni
d'astrakan et de
piqûres.

15.

左页图、右上图、右下图

三款饰有阿斯特拉罕羔羊毛皮的女裙套装。左边模特身穿的夹克前身饰有盘绳装饰细节，这明显是受到军国主义的影响，中间的模特佩戴一顶阿斯特拉罕羔羊毛皮帽。*Idées (Manteaux et Tailleurs)*，1940年冬季

三款两件式女裙套装，均由朴素的黑色裙子搭配定制夹克，夹克都设计有精致的衣领、口袋和肩部造型。左边的模特佩戴一顶阿拉伯风格饰有流苏的帽子。*Idées (Manteaux et Tailleurs)*，巴黎，1940年夏季

三款午后礼服套装，其中两款的面料选用印花丝绸，另一款选用黑色羊驼毛料。中间的模特佩戴一顶菲斯帽风格的帽子，可能是象征1940年夏天的北非战役。*Idées (Manteaux et Tailleurs)*，巴黎，1940年夏季

crêpe de soie.
Effet de gilet imprimé
en satin.

crêpe de laine
uni et rayé,
garni de jours.

alpaga à
gilet incrusté
en surah.

a

b

c

.24.

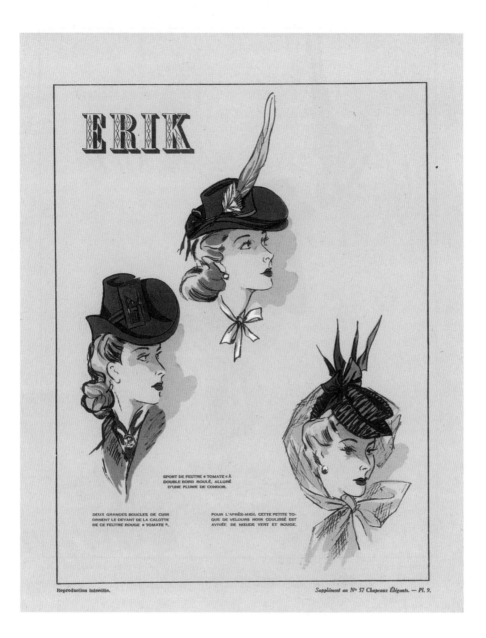

ERIK

SPORT DE FEUTRE « TOMATE « À
DOUBLE BORD ROULÉ, ALLURÉ
D'UNE PLUME DE CONDOR.

DEUX GRANDES BOUCLES DE CUIR
ORNENT LE DEVANT DE LA CALOTTE
DE CE FEUTRE ROUGE « TOMATE ».

POUR L'APRÈS-MIDI, CETTE PETITE TO-
QUE DE VELOURS NOIR COULISSÉ EST
AVIVÉE DE NŒUDS VERT ET ROUGE.

Reproduction interdite.

Supplément au Nº 57 Chapeaux Élégants. — Pl. 9.

左页图

三款午后女裙套装，均是宽下摆半裙搭配定
制夹克。左边的模特佩戴一顶饰有红色蝴
蝶结的帽子，中间的模特戴着一顶饰有蓝色
织带的白色遮阳帽，右边的模特戴的是花
朵装饰的波点印花帽。*Idées (Manteaux et
Tailleurs)*，巴黎，1940年夏季

上图

Erik设计的三款帽子。*Chapeaux
Elégants*，1941年

配饰

右页图、上图
电影女演员薇琪·莱斯特戴着一顶黄绿色、淡紫色
和绿色相间的真丝塔夫绸制成的帽子，搭配手包，
与金格尔·罗杰斯一起主演了电影 Tom, Dick and
Harry，1941 年

苏西夫人（Madame Suzy）设计的三款帽子。
Chapeaux Elégants，1941 年

配饰

下图、右页图
模特戴着一顶饰有白色网状面纱和白花的白色小帽子，约1941年

电影明星海伦·海斯头戴一顶由莎莉·维克多（Sally Victor）设计的用淡蓝色稻草、海军蓝色针织面料和罗纹织带制成的帽子。针织束发带也可以作为头巾使用。莎莉·维克多是美国最著名的女帽制造商之一。她于1927年开始创业，是爱德华·C.布卢姆设计实验室的初始成员之一。哥伦比亚广播公司（CBS）时尚频道，1941年

Cappelli eleganti

上图、右页图
一系列优雅的日装帽子精选，包括小号礼
帽、小号头巾帽和网纱装饰的小圆帽。意大
利时尚刊物，名称不详，约1941年

*Elle*杂志封面展示了一位模特身穿红色羊
毛大衣，内搭红色丝缎衬衫，领口系有蝴蝶
结，头戴一顶饰有网纱的红色拼黄色丝带制
成的帽子，1941年2月

POUR

Elle

EBDOMADAIRE FÉMININ
US LES MERCREDIS

PRIX : 2 FR.
N° 27 - 12 FÉVRIER 1941

配饰

上图、右页图

*Elle*杂志封面展示了一位模特身穿棉质格纹
夹克，头戴装饰有仿真水果和树叶的红色小
草帽，1941年3月

两件式羊毛套装，下身是一条饰有叠褶的窄
摆裙搭配饰有阿斯特拉罕羔羊毛皮镶边的
修身夹克，头戴一顶配套的帽子。这款套装
可能是艾尔莎·夏帕瑞丽的设计，1941年

上图

一款灰色配白色装饰华丽的连衣裙，一款装饰有褶边的红色连衣裙，还有一款绿色配白色两件式套装。左边的模特头戴一顶饰有流苏的平顶帽，中间的模特头戴一顶饰绒球的平顶帽，右边的模特戴着一顶饰有网纱的白色帽子，脚穿一双绿色厚底鞋。*Très Chic*，约1941年

右页图

蓝色连衣裙，搭配一顶同款面料制成的饰有面纱的解构式帽子；绿色连衣裙，搭配圆形手提包和配套的帽子、手套；灰色连衣裙搭配一顶配有束发网的小圆帽。*Très Chic*，约1941年

TrèsChic

CH. 488 32

CH. 488 33

CH. 488 34

13

上方左图、右图
一件设计有围裙口袋细节的日装连衣裙和
两款衬衫，模特头戴一顶饰有网纱的帽子，
脚穿高跟鞋。Très Chic，约1941年

三款午后礼服套装。左边的模特头戴一顶褶
饰小圆帽，中间的模特戴着一顶装饰有网纱
和毛皮的宽檐帽，右边的模特戴着一顶白色
立檐帽。Très Chic，约1941年

TrèsChic

CH.488 22

CH.488 27

CH.488 20

女裙套装。左边和
的模特穿着厚底鞋。
Chic, 约1941年

  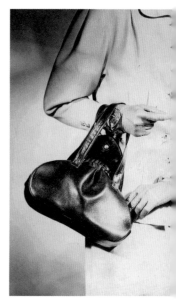

Accessories

上方三图
一款大号仿皮制扣手提包，约1942年

一款大号仿皮革制袋式夹扣手提包，饰有
方形树脂扣，约1942年

一款仿皮制手提包，约1942年

上方三图
一款仅设计有单根手环带的仿皮手提包，
约1942年

仿皮手拿包，约1942年

仿皮手提包，约1942年　　　　　　　　　配饰

下图
三款沃斯时装屋设计的帽子：两款小号男性
风格斜戴式帽子，一款网纱和花束结合的创
意头饰。*Chapeaux Élégants*，1942年

右页图
三款布吕耶尔设计的帽子：一款是红色男
性风格的帽子，一款是蓝色包头巾和围巾结
合款式，一款饰有帽章的贝雷帽。贝雷帽清
楚地表现出军国主义在时装设计中的影响。
Chapeaux Elégants，1942年

TRÈS JEUNE, CE BÉRET DE FEUTRE BRI-
QUE EST ORNÉ D'UNE COCARDE PLISSÉE
EN GROS GRAIN AMBRE ET BRIQUE.

CE TURBAN DE JERSEY DRAPÉ SE PROLON-
GE EN LONGS PANS FORMANT ÉCHARPE.

UN LARGE RUBAN DE GROS-GRAIN
GRIS CEINTURE LA CALOTTE DE CET
AMUSANT CHAPEAU DE FEUTRE ROUGE.

BRUYÈRE

配饰

Jacques FATH

CETTE AMUSANTE TOQUE DRAPÉE EST
EXÉCUTÉE EN RUBAN DE VELOURS
TURQUOISE, GROSEILLE ET FUCHSIA.

DEUX CHOUX DE VELOURS, UN POUF
D'AUTRUCHE HABILLENT CET ÉLÉ-
GANT CHAPEAU DE VELOURS NOIR.

UNE GRANDE MOUETTE
NOIRE EST POSÉE SUR CE
RELEVÉ DE FEUTRE NOIR.

Reproduction interdite.

Supplément au N° 57 Chapeaux Élégants. — Pl. 13.

上图
杰奎斯·菲斯设计的三款帽子，两款小号男性
风格斜戴式羽饰帽和一款斜戴式饰有网纱的天
鹅绒帽。*Chapeaux Elégants*，1942年

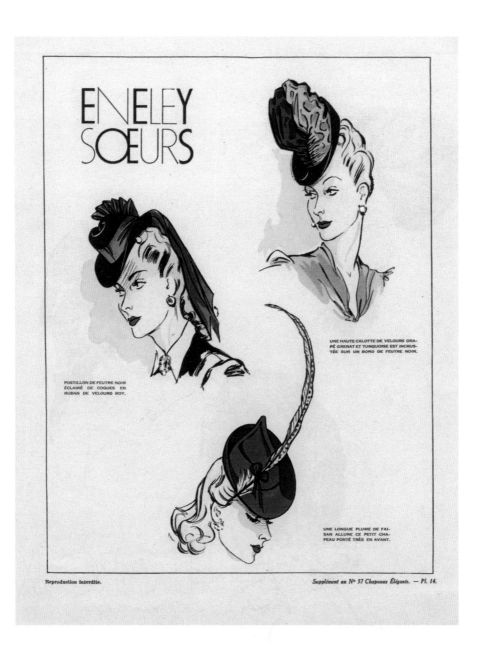

上图

三款埃内莉姐妹（Eneley Soeurs）设计的帽
子，这三款都是小号男性风格款式的帽子，显
示出男性衣橱的影响不仅延伸到了服装，也延
伸到了头饰。*Chapeaux Elégants*，1942年

DE LIGNE TRÈS NOUVELLE, CE HAUT TURBAN EST EXÉCUTÉ EN FEUTRE ROUILLE TORSADÉ.

EN LARGE RUBAN DE VELOURS NOIR CE GRAND BÉRET AURÉOLE LE VISAGE.

DES COQUES DE VELOURS NOIR ET VERT CRU MAINTIENNENT SUR LA NUQUE CETTE PETITE TOQUE DE BREITSCHWANZ.

LEGROUX
Soeurs

Supplément au Nº 57 Chapeaux Élégants. — Pl. 11.

左页图

三款勒格鲁姐妹（Legroux sisters）设计
的帽子，两款大号贝雷帽风格的设计和一
款饰有丝带蝴蝶结的小号斜戴式男性风格
帽，这些款式显示出巴黎在战争期间的女
帽款式风尚朝着越来越奢侈的方向发展。

Chapeaux Elégants，1942年

上图

多美兄弟公司（Dormeuil Frères）设计的
两件式套装，下身是条纹羊毛制饰有工字褶
的半裙，头戴一顶饰有网纱和羽饰的毛皮帽
子。*Parisian*，约1942年

Accessories

左页图、上图
女演员爱丽丝·费伊头戴一顶装饰有黄色绒
球的白色宽檐帽，身着深蓝色、黄色、白色
拼色拉链开襟外套，搭配一条配套的裙子。
外套的三色拼接和拉链开襟设计显示了学
院风格对主流时尚的影响，1943年

演员布伦达·马歇尔戴着一顶黑色Shan-
tung（译者注：是一种高性能纸制材料，模
仿稻草编织效果，比天然稻草耐用）草编
帽，帽冠的前面装饰有两朵红色玫瑰花。华
纳兄弟影业，1943年

配饰

下图
一款Kurz设计的可可棕色天鹅绒制宽檐帽，
饰有野鸡尾羽毛，羽毛根部点缀有亮片装
饰。*Culver Pictures*（图片公司），1943年

上图
一张宣传木底鞋的海报，展示了制作木底鞋
的材料。随附的新闻文本告诉读者，这些木
制鞋底比橡胶或皮革的鞋底更舒适和耐穿，
1943年

配饰

上图、右页图
一双用网布拼接绒面革制成的露趾高跟鞋和一
双系带休闲鞋，1943年

女人穿着一件丝绸外套内搭平翻领白衬衫，搭
配皮革夹扣式单肩包、绒面革手套和一顶饰有
镶钻别针的贝雷帽风格的帽子，约1944年

下图
John Frederics设计的粉色人造丝网状针织制交叠式头巾帽，上面饰有蓝粉白三色花朵。John Frederics是帽子制造商约翰先生和弗雷德里克·赫斯特的合作品牌，赫斯特最著名的作品是电影《乱世佳人》中为费雯·丽设计的帽子。World Photo，1944年

右页图
女演员科琳·汤森戴着一顶黑色小圆帽，盖着饰有环形珠绣的网纱，拍摄于1944年

上图、右页图

女演员安妮·巴克斯特穿着一条丝绸日装连衣裙，上身是内附有垫肩突出阔肩式设计，搭配工字褶饰裙，手上挽着一条双貂皮披肩。这是黑色电影《屋中之客》的剧照。联合电影公司，1944年

一顶用稻草和缎带编织成的饰有网纱的帽子，帽冠上装饰有大花朵，约1944年

下图、右页图
女演员玛莎·维克斯戴着一顶饰有绳结和掩
面网纱的帽子。华纳兄弟影业，约1945年

女演员玛莎·维克斯戴着一顶饰有网纱和仿
真玫瑰做成的帽子。华纳兄弟，1945年

上方左图、右图，左页图
黑色钉珠贝雷帽。*American*，约1945年

宽檐毛毡帽，前帽檐直立，帽后系有蝴蝶结。
American，约1945年

舞台女演员凯瑟琳·崔西身穿黑色长袖毛衣搭
配窄摆裙，配珍珠颈链，正在试戴她自己创作
的斜戴式小帽子。*News Views*，1945年

配饰

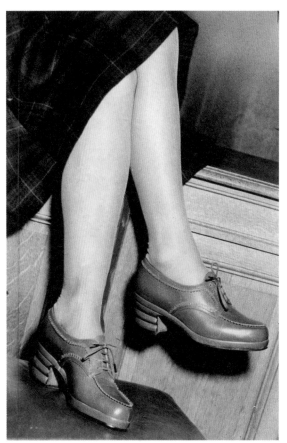
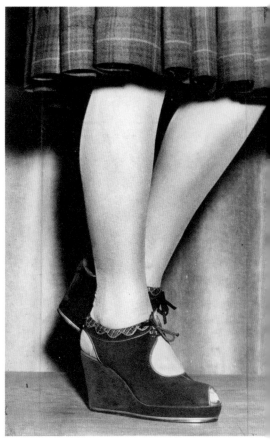

上方左图、右图，右页图
棕色细纹小牛皮厚底牛津鞋，鞋跟呈阶梯式
设计，1945年

棕色麂皮坡跟鞋，饰有爬行动物皮革饰边。
美联社照片，1945年

女演员简妮丝·佩吉穿着黑色羊毛日装连衣
裙，上身设计有伊丽莎白风格窄领，搭配斜
戴式礼帽，帽上饰有网纱和金色花卉贴花装
饰。华纳兄弟影业，约1946年

上图

由艾格·塔鲁普（Aage Thaarup）设计的
一顶装饰有原色秃鹰羽毛的小圆帽。塔鲁普
是伦敦领先的女帽制造商之一，他的作品以
其充满活力的花卉幻想设计而闻名。Acme
新闻图片，1946年

右页图

毛毡和貂皮制成的帽子，帽上装饰着金色缎
带和明亮的珠宝，需要用发网带固定在头
上。纽约局，1946年

上图、左页图
模特戴着一款大号双色横条纹网饰毛毡帽，
身穿奶油色羊毛绉连衣裙，搭配大号麂皮手
包和饰有金色手形别针的麂皮手套。

约瑟夫（Josef）设计的手工串珠鲨鱼皮袋式
化妆包，化妆包的夹扣上点缀有淡雅的花结
和盘绕的珍珠。Acme新闻图片，1946年

左下图、右下图、右页图
羊毛绉多片式直筒裙，搭配手工编织毛衣，
系有腰带突出腰身，1946年

最上左图、右图
羊毛绉直筒裙，拼缝的裙身前片形成两个工字
褶，搭配一条大号皮带扣腰带，1946年

犬牙纹A字裙，搭配黑色翻领毛衣，系有腰
带突出腰身，1946年

羊毛宽刀褶A字裙，搭配手工编织毛衣，系有
腰带突出腰身，1946年

犬牙纹铅笔裙，搭配高领毛衣和细皮带，
1946年

Accessories

上图、右页图
西摩·特洛伊（Seymour Troy）设计的方
头雪花石膏色鳄鱼皮高跟鞋，1946年

波莱特（Paulette）和珍妮特·科伦比尔
（Janette Colombier）创作的两款羽饰女
帽，1946年

JANETTE COLOMBIER

PAULETTE

配饰

下图
拉迪·诺斯里奇（Laddie Northridge）为
鸡尾酒会设计的帽子，由浅磨砂粉色真丝制
成，帽上装饰绣制有珍珠和金色亮片的华丽
条带，1946年

上图

伯尼斯·查尔斯（Bernice Charles）设计
的宝蓝色草编贝雷帽，前面装饰有两片大翎
毛。全球时尚照片，1947年

BALLY
•
BOTTIER

配饰

下方左图、右图
饰有针尾鸭毛和鹧鸪羽毛的晚装帽子，由珍妮特·科伦比尔设计。*Album du Figaro*，冬季系列，1947年

迪奥的一顶小号天鹅绒帽子，上面装饰一束鹧鸪羽毛。*Album du Figaro*，冬季系列，1947年

JANETTE COLOMBIER
Toque en plumes de pillet et de perdrix d'un ton dragée rose.

CHRISTIAN DIOR
Bouquet de plumes de perdreau sur une toque de velours.

下方左图、右图
头顶敞开式宽檐毛毡帽，侧面和背面饰有鸵鸟羽毛，约1947年

白色毛毡帽，饰有对比鲜明的黑色网纱，1948年

上图

白色 Shantung 草编帽，装饰有烟棕色扁平状塔夫绸蝴蝶结和猫头鹰羽毛，由 Stein and Blaine 的古斯塔夫·勃兰特（Gustav Brand）设计。Stein and Blaine 是纽约的一家百货公司，于 1917 年率先推出了内部设计师的品牌服装，而其他大多数百货公司在 1940 年代才采用这一做法。Acme 新闻图片，1948 年

上图
一顶半掩侧脸的白色草帽，帽子选用Shan-
tung草、稻草、羽毛等材料制成，并装饰
有康乃馨和粉色郁金香。由Stein and
Blaine的古斯塔夫·勃兰特创作。Acme新
闻图片，1948年

上图、左页图

萨克斯百货售卖的三双鞋履，一双厚底牛津鞋，一双饰有三粒纽扣的浅口鞋和一双坡跟凉鞋。纽约，1948年

女演员亚历克西斯·史密斯戴着一顶沃尔特·弗洛雷尔（Walter Florell）设计的芥末色的毛毡帽，上面饰有琥珀色和金色的行星图案，还系有棕色天鹅绒饰带。弗洛雷尔是纽约的一名女帽商，在1940年代和1950年代盛名天下。华纳兄弟影业，1948年

左页图
一款"剑客"风格或歌剧款式手套，用八粒
纽扣扣合，搭配米色网饰贝雷帽，1948年

上图
一双皮质细高跟鞋，鞋头饰有闪亮贴钻，
约1949年

上方左图、右图

模特穿着一件箱形雨衣，搭配一顶饰有网纱和羽毛的小毡帽，一个皮革和天鹅绒制成的手提包和一双麂皮高跟鞋。*American*，约1949年

棉麻混纺日装连衣裙，设计有突出的阔肩和腰部垂褶饰片，配装饰有金属制贝壳的腰带。最后用黑色麂皮手套和蒙哥马利贝雷帽点缀整套造型。*American*，约1944年

上方左图、右图

模特穿着一件饰有东方图案的真丝锦缎修身外套，搭配丝绉多片式半裙，脚穿麂皮露趾高跟鞋，挽着一个大号丝缎手提包，头戴一顶羽饰帽子。*American*，约1948年

模特穿着丝绉女裙套装，夹克腰侧饰有刺绣装饰侧摆，搭配铅笔裙。整个造型的配饰有一个篮子样式的珠饰手提包，和一顶装饰有网纱的帽子。*American*，约1949年

配饰

制服和其他

左页图
1940年代，美国弗吉尼亚州纽波特纽斯市汉普顿路启运港运输队下士贝丝·哈多和一等兵多萝西·汉密尔顿穿着漂亮的米色女军制服，站在运输队的旗帜前

下图
三名陆军女孩紧紧地抓着几只鸡，穿着实穿而宽松的工作服。摄影：A.J.O'布赖恩，1940年7月

上图

伯特·哈迪（Bert Hardy）拍摄的一个陆军女孩在第二次世界大战期间驾驶一辆拖拉机，她穿着尖头领白衬衫，外面套着一件针织衫，戴着羊毛针织手套。领针和深红色唇膏为这款实穿的工作服增添了一丝魅力。

Picture Post，1941年6月

左上图、左下图
两名曾经是磨坊工人的姐妹艾娃和布兰奇·霍恩在伦敦被拍到正在行军前往英格兰南部的路上——最初，陆军的应征士兵和志愿者被称为"贝文（Bevin）"女孩。这些制服看起来很时髦，也非常耐穿和实用，1941年8月

1943年7月17日，一名来自女子青年航空队（WJAC）的女孩在曼彻斯特Belle Vue参加了一场女子拉力赛，她穿着量身定做的羊毛法兰绒制服，内搭衬衫配领带，头戴折叠帽。*Picture Post*，1943年

制服和其他

左页图

模特兼演员芭芭拉·布里顿穿着展示穆里尔·金（Muriel King）为美国工厂工作的女性设计的服装——注意那些方便携带工具的围裙和头巾，戴头巾是为了避免长发被机器卷住。沃尔特·桑德斯（Walter Sanders）为 *Time Life* 拍摄的照片，1942年

上图

陆军木材兵团的妇女成员。士兵们的制服包括衬衫、工装裤和粗革皮鞋，1943年

上图

1943年2月，英国萨福克郡的一个农场里，带着两只羊羔的陆军妇女——戴着围巾保护头发，穿着肥大宽松的灯笼裤和绿色V领套头毛衣

Uniform and Other

上方左图、右图
1946年9月，两个陆军女孩波琳·韦斯顿和塞尔玛·哈珀在收获季节的萨里农场劳作——这些实用的套装反映了女性新的不受约束的行动自由，其设计方便实际工作的需要，而不仅仅是为了展示时尚

陆军女孩凯·布里特在萨里的一个农场帮忙收割庄稼，她穿着一件开领衫搭配套头毛衣、下身是卷边短裤配雨靴。照片宣传了一种既年轻又健康的"自然美"，1946年9月

制服和其他

„IM GARTEN"
Modell 5223

左页图
休闲服饰：浅色灯芯绒"小男孩"短裤，搭配黄绿色真丝衬衫和宽松夹克。*Acme Roto Service*，1940年

上图
"在花园里"——短裙、短裤配比基尼上衣的套装，外搭定制的外套，外套前后饰有褶裥。德国成衣目录（公司名称不详），约1942年

Force

Il faut avoir suivi la fabrication de la gaine SCANDALE, assisté aux épreuves multiples que subit son tulle élastique spécial, pour comprendre comment on a pu ajouter à sa souplesse, son élégance, sa légèreté légendaires, cette résistance qui la rend si économique. Même lavée aussi souvent que votre linge, votre gaine SCANDALE conserve les mêmes qualités qu'au premier jour.

SCANDALE
LA GAINE FRANÇAISE EN TULLE FRANÇAIS

PARIS : 26, Rue Vignon; 73, Faubourg Saint-Honoré ; 36 bis, Avenue de l'Opéra; 17, Boulevard Raspail. — LYON : 7, Rue de la République. — MARSEILLE : 11, Rue de la Darse. — NICE : 1, Rue du Maréchal Pétain. — BRUXELLES : 101, Rue de Namur. — LONDRES : 81, Great Portland Street. — TURIN : 237, Corso Vittorio Emanuele II. — BEYROUTH, Souk Tawilé. CHEZ LES BONNES CORSETIÈRES ET DANS LES GRANDS MAGASINS.

Création Yves Alexandre

Publ. M. Noirclere 8

Uniform and Other

上图
1940年，应空中交通服务机构（ATS）和空军妇女辅助队的要求，为她们设计了有口袋的紧身内衣。她们的制服只有外套上有口袋，当她们因为工作而脱下外套时，就没有地方存放个人物品。在战争中，军队需要大量的钢材，因而束身衣所需的钢制骨架被取而代之，结果束身衣变得不那么结实了

左图
andale紧身褡（内衣）广告。*Marie ire*，1940年3月

Uniform and Other

INTIMITÉ

JEANNE LANVIN JACQUES FATH

左页图、上图
一套连体式的消防红的棉织睡衣，一套裤脚
收紧的睡衣，可以防止裤腿向上卷缩。这种
温暖实用的睡衣非常受欢迎，因为战时的
限制意味着不是每个人都能获得24小时供
暖。国际新闻照片，1943年

浪凡的淡紫色晨袍，菲斯设计的橄榄绿和服
风格的、饰有垂褶的晨袍，袖子宽大且饰有
貂皮镶边，约1946年

制服和其他

HOLEPROOF*
Luxite Girdles

**the hug
you love . . .**

They hold you in so gently . . . never hamper
your young and active ways . . . these cuddly
soft LUXITE GIRDLES BY HOLEPROOF . . . in nylon
leno, nylon lace with nylon satin panels—
and other fabrics that restrain without strain
. . . that give as well as take in.

*Holeproof and Luxite are trademarks of the Hole-
proof Hosiery Company (Reg. U.S. Pat. Off.) makers
of Men's Socks and Women's Proportioned nylons

HOLEPROOF
Luxite Underthings

Holeproof Hosiery Company, Milwaukee 1, Wisconsin. ☆ In Canada: London, Ontario

Uniform and Other

上方左图、右图
女演员玛莎·维克斯身着家居套装，定制重
缎睡衣裤套装搭配绗缝刺绣无袖长袍。华纳
兄弟影业，1947年

丝绸家居套装，宽松睡裤配衬衫，外搭钟
形袖长袍，都饰有银色亮片。*New York Times Photos*，1948年

页图
xite紧身裙广告。模特是以海报女郎风
绘制的，这在战时的美国成为一种流行的
视形式。Holeproof Hosiery Compa-
密尔沃基，1946年

制服和其他

LINGERIE NOUVELLE

NOTRE COUVERTURE

M. 7.551. — Corsage. Col claudine boutonné devant, emplècement arrondi appliqué dos, manches courtes froncées avec poignet. Mét. : 2 m. 50 en 1 m. ● M. 7.552. — Chemisier. Col rabattu pouvant se porter ouvert de chaque côté. Deux plis ronds sous un rabat boutonné, faisant suite à la pince poitrine. Couture sur l'épaule. Dos uni à pinces à la taille. Manches longues montées à plis pincés, froncées dans un poignet. Mét. : 2 m. 50 en 1 m.

M. 7.598. — Combinaison forme soutien-gorge, bordé d'un feston, brodée ton opposé, panneaux devant évasés du bas, coutures sur les côtés et couture au milieu du dos. Métrage : 2 m. en 100. ● M. 7.599. — Culotte assortie montée dans une ceinture devant avec groupes de plis de chaque côté, boutonnage sur les côtés et élastique dos. Métrage : 1 m. en 100. ● M. 7.600. — Chemise de nuit. Décolleté en pointe orné d'un volant froncé, bordé d'un biais. Manches kimono ornées d'un petit volant. Découpe formant corselet appliqué sur des fronces devant. Taille resserrée par une ceinture nouée. Métrage : 3 m. en 100. ● M. 7.601. — Combinaison forme soutien-gorge de dentelle incrustée. Panneaux arrondis de chaque côté. Métrage : 2 m. 35 en 100. ● M. 7.602. — Combinaison forme soutien-gorge prolongé dans le dos. Pince poitrine, ornée de motifs appliqués, coutures sur les côtés devant et dos. Métrage : 1 m. 80 en 100. ● M. 7.603. — Chemise de nuit, encolure arrondie, fendue devant, bordée d'un biais. Manches fantaisie genre raglan, froncées un poignet, garnies de motifs appliqués. La chemise de nuit droite est resserrée à la taille par une ceinture nouée sur le côté. Métrage : 4 m. en 100. ● M. 7.604. — Culotte assortie, élastique tout autour, bordée d'un biais, ornée de motifs appliqués. Métrage : 1 m. en 100. M. 7.605. — Combinaison en soie. Emplacement dentelle en pointe devant. Groupe de fronces fines à la poitrine, bordée d'une incrustation de dentelle devant, uni droit fil bordé d'un petit biais en haut, devant plein biais. Métrage : 1 m. 50 en 100.

PATRON-PRIME

Chaque semaine, le patron du meilleur modèle du journal est offert à toutes nos abonnées et lectrices, à demi-tarif, en taille 44 seulement. Veuillez consulter le « Service des Patrons », et n'envoyer que la moitié du prix indiqué.

Expédition sous huitaine, contre envoi d'un mandat joint à la lettre-commande, ainsi que du « Bon-prime » et 20 fr. pour frais d'expédition. Le Bon-prime n'est valable que pour le numéro du modèle indiqué.

Toutes les demandes doivent porter, écrits très lisiblement, le nom et l'adresse complète de l'expéditeur, et doivent être adressées, 104, av. de Villiers, Paris.

NOTA. — Le patron-prime ne peut se faire en d'autres tailles et sur mesures, qu'au TARIF NORMAL.

Distributeur N.M.P.P.

M. 7.551 — M. 7.552 — M. 7.599 — M. 7.601 — M. 7.598 — M. 7.600 — M. 7.605 — M. 7.602 — M. 7.603 — M. 7.604

左页图
睡裙、吊带裙、长袍和连裤内衣精选。
Modes de Paris，1949年6月

上图
克里斯汀·迪奥在他的服装设计工作室里，
人台上展示着系列内衣，1947年

下方左图、右图，右页图

安妮·麦克唐纳小姐穿着一件真丝网纱结婚礼服，上身和头纱上饰有丝绒装饰边。她嫁给了底特律汽车大亨亨利·福特的孙子亨利·福特二世，1940年

一位初入底特律社交圈的少女穿着一件极尽奢华的真丝网纱结婚礼服，上身设计有心形领口和褶饰。光环样式的头饰和头纱采用同款面料，1940年

布伦达·弗雷泽是纽约的一名初入社交圈的少女，她身穿丝缎结婚礼服，头戴蜡质花冠和长拖尾头纱。联合通讯社图片，1941年

左页图

女演员琼·莱斯利穿着心形领口的结婚礼服，
搭配配套的头纱和花朵头饰。配饰有珍珠项链
和小山羊皮长手套。华纳兄弟影业，1943年

上图

人造丝织锦缎结婚礼服，上身是紧身收腰式设
计，前中装饰有丝绒包扣，光环样式的头饰用
压褶真丝网纱制成。全球时尚照片，1941年

两款印有脚印和沙滩印花的沙滩
"迷彩"泳衣，1942年

上图
两名模特穿着短裙式詹森泳装，搭配木底天
鹅绒凉鞋，约1944年

制服和其他

上方左图、右图，右页图
两名模特穿着同系列詹森印花短裙式游泳
衣，搭配木底凉鞋，约1944年

两名模特穿着同系列詹森罗纹针织游泳衣，
约1944年

两名模特穿着同系列詹森天鹅绒人造丝游
泳衣，背部是交叉式背带设计，1944年

左上图、左下图、左页图
模特身着新颖的夏日/海滩套装，这款套装设计有一件可拆卸的罩裙，模特正解开罩裙展示里面的沙滩装，约1945年

两名模特展示了一款新颖的詹森夏日/沙滩裙，及膝短裙是可拆卸的设计，模特正解开罩裙露出里面较短的沙滩风格连衣裙，1944年

两名模特穿着詹森迷你沙滩连衣裙和高跟沙滩凉鞋，1944年

制服和其他

左页图
伊莱恩·艾弗里、凯·克里斯托弗（被选为
1945年的"闪光小姐"）、海伦·戈伯和玛
丽安娜·瑞恩穿着各式时尚的泳装展示了
她们"匀称的双腿"。摄影：莫里斯·西摩，
1945年

下图
女演员维罗妮卡·莱克身穿白色棉绉高腰短
裤款、绕颈系带式比基尼泳装，1946年

Uniform and Other

上方左图、右图
模特穿着一款印花针织两件式沙滩套装，
印有阿兹特克主题图案，搭配长袖衬衫。
International News Photos，1946年

模特穿着两件式斑马条纹印花比基尼泳装。
纽约局，1948年

上方左图、右图
一件印有老虎图案的黑色泳装和一款同款
印花人丝（译者注：Celanese，一种人
造丝面料）制勘探者外套。*International
News Photos*，1947年

一款结子绒线针织泳装，上身是系带式胸衣
饰有流苏边、下身饰有西部风格的腰带。国
际新闻图片，1947年

制服和其他

Uniform and Other

左页图
一款饰有手工飞鱼印花图案的比基尼泳
装，男士泳裤和厚绒布毛巾上也有同样的
印花，均由卡塔琳娜·克鲁斯（Catalina
Cruise）设计。国际新闻图片，1947年

上图
柯达彩色照片，一名身穿红色两件式泳衣的
年轻女子，1947年

制服和其他

上图、右页图

棉质印花沙滩套装和配套的头巾，1947年

女演员丽娜·罗迈穿着白色绕颈系带式泳
衣，两侧拼接有黑色蕾丝风格面料，搭配彩
色绑带凉鞋，约1948年

左页图、上图

女演员温迪·巴里身着网球连衣裙，衣身饰
有编绳式腰带和衣夹式纽扣，搭配头巾。雷
电华影业公司图片，1941年

一群穿着棉质运动套装的年轻女子，约
1943年

制服和其他

下方左图、右图，左页图

白色棉质盖肩袖网球连衣裙，搭配圆镜片太
阳镜、露跟棉质高跟鞋和短袜，约1945年

女演员帕特里夏·戴恩身穿垫肩式网球衫配
宽松的褶饰裙。米高梅影业，约1944年

女演员琼·温菲尔德身穿一件垫肩式高尔夫
连衣裙，搭配皮腰带。弗洛伊德·巴蒂为华
纳兄弟影业拍摄的照片，1944年

最上方左图、右图

两款步行/徒步套装：一件绿色的宽摆大衣，内搭前襟不对称式红色马甲配白色短袖衬衫，下身是绿色宽下摆半裙；腿肚长度的裤子搭配格纹马甲外搭定制系腰带夹克。*Robes Idées Sport*, Éditions Thiebaut, 1948年冬季

两款骑行套装，一款是宽下摆百褶裙搭配定制夹克，另一款是A字形工字褶饰半裙，搭配短款毛衣和配套定制夹克。这两款套装似乎都不是特别有利于骑自行车！*Robes Idées Sport*, Éditions Thiebaut, 1948年冬季

第二行左图、右图

海滩和假日套装。这些款式是针对年轻观众的。*Robes Idées Sport*, Éditions Thiebaut, 1948年冬季

两款高尔夫套装，下身是A字形工字褶饰半裙，可搭配衬衫、羊毛针织开衫或男士夹克。*Robes Idées Sport*, Éditions Thiebaut, 1948年冬季

最上方左图、右图

三款园艺套装:格子围裙式半裙,搭配短袖衬衫;双层A字裙搭配绿色泡泡袖衬衫;绿色工装裤搭配红色衬衫。*Robes Idées Sport*, Éditions Thiebaut, 1948年冬季

露背绕颈系带式沙滩连衣裙,下身设计有宽下摆和后部褶饰裙摆;一款修身盖肩袖A形连衣裙。*Robes Idées Sport*, Éditions Thiebaut, 1948年冬季

第二行左图、右图

四款沙滩套装:一件连体泳衣搭配披肩,一件短款百褶裙搭配短上衣,同款上衣搭配一条宽下摆长裙和一件水手服风格的披肩式外套。*Robes Idées Sport*, Éditions Thiebaut, 1948年冬季

三款划船套装:蓝色上衣外搭白色定制长裤,条纹短裤搭配宽松外套和配套的帽子,红色男式毛衣搭配布列塔尼条纹围巾和白色定制长裤。*Robes Idées Sport*, Éditions Thiebaut, 1948年冬季

制服和其他

Uniform and Other

上方左图、右图

一件饰有白色貂皮的红色皮制滑雪夹克，一件兔皮背心，三顶冬季毛皮帽，一件海豹皮滑雪夹克和配套帽子，一件貂皮夹克，采用条状貂皮呈不同方向拼接形成装饰图案，还有一款波斯羔羊毛皮短款箱形夹克。*Les Grand Modèles: Fourrures*，1940年

制服和其他

左页图
女演员穆里尔·安杰勒斯身穿滑雪套装，修身系纽式开襟夹克搭配羊毛针织长裤。派拉蒙电影公司，1940年

下图
一名身份不明的女演员穿着冬季/滑雪套装，定制绿色工装背带裤，胸前绣有雄鹿图案，内搭黑色衬衫。雷电华影业，约1941年

主要设计师生平

巴尔曼（Balmain）
法国时装屋
1945年至今

皮埃尔·巴尔曼于1945年开设了他的时装屋。他的父亲曾是一家布料批发企业的老板，母亲经营一家时装精品店。然而，巴尔曼在美术学院学习建筑设计，他没有完成他的学业。在那里，他带着自己的一些设计走进了Molyneux时装屋，并在Molyneux时装屋尝试时装设计。他在1934—1939年期间为Molyneux工作。第二次世界大战期间，他加入卢西恩·勒隆（Lucien Lelong），1945年他决定开设自己的时装屋。细腰钟形长裙是他展示的第一个系列廓形，后来成为克里斯汀·迪奥（Dior）广为人知的"新风貌"廓形。1982年他去世后，新的设计师继续以他的名字设计时装系列。时装屋位于巴黎弗朗索瓦大街44号。

简·布兰肖（Jane Blanchot）
巴黎女帽公司
约1921年—1960年代

法国女帽制造商简·布兰肖也是一名雕塑家，即使在1910年成立自己的女帽公司后，她仍继续从事艺术创作活动。她创作了许多珠宝设计，并于1940年至1949年担任巴黎时装工会主席，她在任期间一直为保护时装工匠的权利而斗争。直到20世纪60年代，她都在生产帽子。公司位于巴黎圣奥诺雷市郊路11号。

布吕耶尔（Bruyère）
法国时装屋
1930年代—1950年代

玛丽-路易丝·布吕耶尔，也称为布吕耶尔夫人，或简称布吕耶尔，是一位法国时装设计师，从1937/1938年到1950年代。她曾和卡洛特姐妹（Callot Soeurs），后来又与珍妮·浪凡一起接受培训。在风格上，她的作品可与夏帕瑞丽（Schiaparelli）、罗莎（Rochas）和曼波切（Mainbocher）相媲美。她的定制套装特别受欢迎，尤其受到美国顾客的追捧。在第二次世界大战期间，她的沙龙仍然营业，她的设计以实用而闻名。在1950年代，布吕耶尔开始专注于成衣，在十年内逐渐停止了自己的业务。时装屋位于巴黎旺多姆广场22号。

西蒙·坎奇（Simone Cange）
巴黎高定女帽设计师
1930年代—1950年代

西蒙·坎奇是一位巴黎高定女帽设计师，1948年，《萨拉索塔先驱论坛报》（Saraso Herald Tribune）称她是巴黎两大顶级女帽设计师之一。她以其奢华高耸的帽子设计而闻名。定制屋位于巴黎市。

珍妮特·科伦比尔（Janette Colombier）
法国女帽设计师
1940年代—1960年代

珍妮特·科伦比尔是一位法国女帽设计师，她设计的草编、毛毡和天鹅绒帽子让她在1940年成为定制客户的最爱。定制屋位于巴黎市。

Creed
定制时装屋
约1730年代—1940年代

第一家Creed店于1710年在英国莱斯特开张，后来，他来到伦敦，从事裁缝、衣物修补和装。他的儿子亨利成为斯特兰德（Strand）的一名裁缝，后来，亨利的儿子也叫亨利，在康迪街开了一家时尚裁缝店，在那里他成了著名花花公子奥赛伯爵的裁缝。通过维多利亚女皇的引荐，认识了时尚领袖尤金妮皇后，为她设计了"亚逊系列"（amazones）或称"藏匿系列"（hidi habits）。1850年，在皇后的建议下，他在巴黎开了第二家店，并获得了一批尊贵的客户，这些都是富有的君主。1854年，他在巴黎又开了一家分部，这家分部因其制作剪裁考究的西装和缝精美的女性骑马服装而闻名。时装屋在第一次界大战期间被迫关闭，但战后，查尔斯·克里德七世（Charles Creed VII，1909—1966）在伦和巴黎重新开放了时装屋。第二次世界大战爆发他回到伦敦，加入了伦敦时装设计师协会，通过协会，他参与了政府的公共事业计划。时装屋位巴黎皇家大街7号。

士·德塞（Jean Dessès）

时装设计师

1937年—？

　　埃及出生的设计师让·德塞，曾在简时装屋（Maison Jane）接受培训。1937年，他开设了自己的时装屋。目前还不清楚他是否在战争期间保持营业。在1940年代末和1950年代，他以设计装饰雪纺晚礼服、飘逸的刺绣连衣长裙而闻名。他的客户包括好莱坞明星和欧洲皇室成员。1950年代中期，他开始推出成衣系列。尚不清楚时装屋何时停止活动，但让·德塞本人在1963年退休。时装屋位于巴黎乔治五世大道37号。

克·海姆（Jacques Heim）

黎时装设计师

899—1967年

姆高级定制工坊（Maison Heim）

930—1969年

　　雅克·海姆的职业生涯始于他在伊萨多（Isadore）和珍妮·海姆（Jeanne Heim）皮草时装店担任经理一职。1925年左右，他成立了一个定制部门，负责生产大衣、西装和礼服。1930年，他开设了自己的高级定制工坊。海姆从来没有把自己与某个特定的外观或风格联系在一起，这是他没有被人们视为时尚创新者的主要原因。相反，他的时装很容易与时俱进，这是该工坊长久维持的关键。1958年到1962年，海姆担任巴黎时装工会主席。工坊位于巴黎拉菲特大街48号。

Jassel

黎毛皮商

30年代—1960年代

　　高级定制皮草店位于巴黎维克多雨果大街65号。

妮·浪凡（Jeanne Lanvin）

黎时装设计师

67—1946年

凡高级定制工坊（Maison Lanvin）

09年至今

　　珍妮·浪凡于1909年成为时装工会的一员。在有人向浪凡索要她为女儿做的衣服的复制品后，她开始制作儿童服装。不久，她就为母亲们提供服装，设计母女的服装成了她工作的主要内容。浪凡以她精致的袍服式（robes de style）设计风格而闻名——常以历史风格为灵感设计的礼服裙，其特点是宽下摆，内附有衬裙或裙撑。1920年代，浪凡开设了专门销售家居内饰、男装和内衣的店铺。浪凡把家族产业传给了她的女儿玛格丽特·迪·彼得罗（Marguerite di Pietro），至今仍在经营，并几经易手。该工坊位于巴黎圣奥诺雷大街22号。

杰曼·勒孔特（Germaine Lecomte）

法国高级定制时装屋

1920—1957年

　　人们对杰曼·勒孔特知之甚少，尽管她的时装屋经营了37年。在1920年代和30年代，她因其雕塑般的服装制作方法而受到赞扬。和玛德琳·薇欧奈（Madeleine Vionnet）一样，她也把面料直接披在模特身上剪裁，喜欢精致的刺绣、装饰和毛皮。她的时装屋在整个战争期间都是开放的，关于她在这一时期的工作报道集中在她的豪华婚纱和优雅的两件和三件式的搭配套装设计上。战后，她的设计符合当时的时尚廓型，并继续获得时尚媒体的赞扬。尽管如此，她的时装屋还是在1957年关闭。时装屋位于巴黎马勒塞尔布大街22号。

卢西恩·勒隆（Lucien lelong）

法国高级定制时装屋

1923—1952年

　　卢西恩·勒隆1889年出生于巴黎的一个纺织商人家庭。他在1923年开设了自己的"时装屋"，然而，他从来没有为以自己名字命名的品牌做过设计，而是雇用了一个设计师团队。勒隆高级定制时装屋以其优雅、运动和现代的设计而闻名，他的妻子、罗曼诺夫家族的成员娜塔莉·佩利公主（Princess Natalie Paley）也参与了对设计的宣传。其客户名单包括葛丽泰·嘉宝（Greta Garbo）和罗斯·肯尼迪（Rose Kennedy）。勒隆在第二次世界大战期间是巴黎高级定制时装工会的负责人，然而，在1958年，他去世的前几年，即1952

年，他退休时关闭了时装屋。时装屋位于巴黎马提尼翁大道16号。

Mad Carpentier
法国高级定制时装屋
1939—1948年

Mad Carpentier开业于1930年代末，由马迪·马尔泰佐斯（Mad Maltezos）和苏西·卡彭铁尔（Suzie Carpentier）合作经营，他们的前雇主玛德琳·薇欧奈（Madeleine Vionnet）在同一年倒闭后，他们决定接手一起工作。Mad Carpentier延续了薇欧奈的风格，简洁而低调的优雅。在第二次世界大战期间，时装屋一直开放着。马尔泰佐斯和卡彭铁尔以使用奢华的面料而闻名，在1940年代末，他们坚持维多利亚风格的喧闹设计，引起了国际时尚媒体的广泛关注，但他们未能抓住时代精神，生意开始衰落，只吸引了一小部分客户。时装屋于1948年关闭。《女装日报》（*Women's Wear Daily*）评论说："该公司已经走上了一条安静的道路，现在是一家拥有独特个性的时装屋，而未能在巴黎高级定制的总体发展中扮演积极或公开的角色。Carpentier的服装有薇欧奈手工制作风格，但其手法不够独到。"时装屋位于巴黎让梅尔兹大街38号。

Molyneux
高级定制时装屋
1919—1950年

爱德华·莫林诺（1891—1974年）出生于伦敦，在露西尔（Lucile）的指导下学习时装设计，1919年在巴黎成立了自己的时装屋。他获得了巨大的成功，Molyneux时装屋在伦敦和巴黎很有名气，他设计的服装纸样从1924年到1929年一直由美国McCalls服装纸样公司进行商业化复制生产。他的作品经典而优雅，其设计深受先锋派的影响，比如1938年的紧身胸衣（被称为"sylphide"），以及1934年中国装饰风格的真丝筒裙。演员格特鲁德·劳伦斯（Gertrude Lawrence）在舞台上穿着莫林诺的睡衣。设计师皮埃尔·巴尔曼（Pierre Balmain）于1934年开始接受莫林诺的培训。战争爆发时，他乘坐最后几艘驶往英国的

船只，逃离了法国。在战争期间，莫林诺被贸易委员会招募，参与了政府的公用事业计划，并被委托根据这个方案的限制规则和质量要求，为女性□橱设计一个供全年穿戴的系列服装。

Paquin
法国高级定制时装屋
1891—1956年

1891年，珍妮·帕康（帕康夫人）创立了□Paquin时装屋。她的设计体现了18世纪晚礼服的风格，常用毛皮和蕾丝做装饰，因此而闻名。作为一个精明的女商人，她是第一批积极推广自己作品的高级时装设计师之一，在各类时尚表演□比赛中，她与穿着她作品的模特一起出现。189□年，她把生意转到伦敦的多佛街，但在巴黎保□了一家沙龙；1912年，她在纽约第五大道上开□一家专门卖皮草的商店。不久之后，她与里昂·克斯特（Léon Bakst）合作为剧院设计服装。1917年到1919年，她担任高级定制时装工□主席，一年后退休。玛德琳·沃利斯（Madelei□Wallis）接任首席设计师，1936年由安娜·德·波（Ana de Pombo）接任。时装屋在二战期间□直营业，1942年安东尼奥·卡诺瓦斯·德尔·卡蒂略（Antonio Cánovas del Castillo）成为了首□设计师。1956年，由于财政困难，所有业务停止□时装屋位于巴黎和平街3号。

罗伯特·皮盖（**Robert Piguet**）
法国高级定制时装屋
1933—1951年

罗伯特·皮盖进入时尚界并不顺利。1920□代初，他向浪凡时装屋提交了他的设计草图，但□到拒绝。他没有气馁，和他的兄弟开了一家裁缝□后来放弃了这家裁缝店，去为保罗·波烈（Pa□Poiret）和约翰·雷德芬（John Redfern）工□1933年，他开设了自己的时装屋，成功几乎是□间发生的，1936年，他在伦敦开了一家分部。□盖以其设计精美的晚礼服而闻名，其色彩亮丽。□的标志性风格是年轻但不做作，喜欢浪漫的沙□形廓型。他的设计以轻松舒适著称，但也始终保□着女性特质。在1930年代和1940年代，他购

了许多迪奥（Dior）、纪梵希（Givenchy）和巴尔曼（Balmain）的设计作品，这些设计师在后来的独立创作中继承了皮盖的风格元素。他的时装屋在整个战争期间都是开放的，在继续生产奢华晚礼服的同时，也做出了符合时代潮流的实用设计，比如防空洞服和自行车服。1944年，他推出了第一款香水，Bandit and Francas。他因病于1951年退休。时装屋位于巴黎香榭丽舍大道环形交叉口3号。

Nina Ricci
法国高级定制时装屋
1932年至今

玛丽亚·尼利·利奇，绰号"尼娜"（Nina），是一名意大利裁缝，她在Raffin接受培训，1932年开办了自己的沙龙。就像之前的玛德琳·薇欧奈（Madeleine Vionnet）一样，她直接在模特身上裁剪面料，以确保面料完成后保持正确的形状。她的设计迅速以精致、浪漫和女性化的外观而闻名。Nina Ricci高级定制时装屋的经营在整个1930年代呈指数级增长，从一个只有一间铺面，发展到占据了三座大楼有11层的规模。时装屋在第二次世界大战期间一直开放，经营到今天。时装屋位于巴黎卡普西纳街20号。

罗莎（Rochas）
法国高级定制时装屋
1924年至今

1924年，马萨尔·罗莎在让·谷克多（Jean Cocteau）和保罗·波烈（Paul Poiret）的鼓励下开办了自己的时装屋。在1930年代，他因设计黑色礼服而闻名，他的服装肩部轮廓突出。他的客户包括很多名人，如卡罗尔·隆巴德（Carole Lombard）和玛琳·黛德丽（Marlene Dietrich）。他曾为梅·韦斯特（Mae West）设计了一件著名的黑色尚蒂伊（chantily）蕾丝蜂腰束身衣。他的时装屋以奢华的面料、精致的设计和工艺而闻名。罗莎在1941年展示了他设计的长裙，1943年展示了紧胸衣，后来分别成为1947年迪奥"新风貌"的两大设计特色。他的时装屋在二战期间一直开放。罗莎于1955年去世。时装屋位于巴黎马提尼翁大道12号。

玛格·罗芙（Maggy Rouff）
巴黎定制时装屋
1929年—20世纪60年代

玛格·罗芙，也称玛格丽特·巴桑松·德·华纳（Marguerite Besançon de Wagner），她是比利时裔法国设计师，1896年出生于巴黎。1929年，她开设了一家名为Maggy Rouff的时装屋，直到1948年她退休的那一年，一直担任这个时装屋的主管。她最初为父母的德莱塞尔高级定制时装工坊（Maison Drécoll）设计服装，专门从事内衣和运动服的设计。她是一个真正优雅的女人，她将自己的时尚原则融入她的作品中，在精致的细节中突出女性气质。1942年，巴黎被德国占领，她出版了《优雅的哲学》（Lla Philosophie de l'Elégance）一书，她用这本书作为对现实的抵抗和对未来信念的象征。罗芙的女儿安妮（Anne-Marie Besançon de Wagner）在她母亲于1948年退休时接手设计工作。然而，时装屋并没有在1960年代生死存亡的时期幸存下来。1960年代，三名设计师为时装屋工作，在此期间，该时装屋转型为成衣公司。该公司于1971年罗芙去世前关闭。时装屋位于巴黎香榭丽舍大道136号。

艾尔莎·夏帕瑞丽（Elsa Schiaparelli）
意大利时装设计师
1890—1973年
夏帕瑞丽高级定制工坊（Maison Schiaparelli）
1928—1954年

夏帕瑞丽于1890年出生于罗马，她是那个时代最引人注目的设计师之一。她以机智的设计而闻名于世，这些设计融合了萨尔瓦多·达利（Salvador Dali）等超现实主义艺术家的前卫思想。夏帕瑞丽推出了手工编织的错视图案毛衣，她的设计特点是宽阔的肩部和明亮的颜色。她还与艺术家让·科克托（Jean Cocteau）和阿尔贝托·贾科梅蒂（Alberto Giacometti）合作。第二次世界大战对她的工作产生了巨大的影响，她在1951年停止了她的高级定制时装系列，1954年关闭了她的生意——那一年她出版了她的自传《震惊的生活》（Shocking Life）。她于1973年去世，享年83岁。然而，她的时装屋在1977年被一个设计师团队重新开放。时装屋位于巴黎和平街4号。

苏珊娜·托尔伯特（Suzanne Talbot）
巴黎高级定制女装和女帽设计师
约1915—1947年

苏珊娜·托尔伯特的真名是马蒂厄·莱维（Mathieu Levy）夫人，被认为是20世纪最重要的女装裁缝之一。珍妮·浪凡（Jeanne Lanvin）曾是她的学徒，她也是艾琳·格雷（Eileen Gray）的早期赞助人，并于1919年委托格雷设计了她的洛塔街公寓。时装屋位于巴黎皇家大街10号。

Rose Valois
巴黎高级定制女帽店
活跃在1920年代—1950年代

Rose Valois是一家设计前卫的巴黎女帽店，成立于1927年，位于皇家大街18号。该店在纳粹占领期间继续其活动，并创新性地使用纸张和木屑等一次性材料制作帽子。在此期间，店内设计师之一的英国女帽设计师薇拉·利（Vera Leigh），是抵抗运动中的重要人物，作为特别行动执行部的成员，她最终被盖世太保逮捕。该店铺位于巴黎皇家大街18号。

沃斯屋（Maison Worth）
巴黎高级定制时装屋
1858—1954年

1858年，查尔斯·弗雷德里克·沃斯（Charles Frederick Worth, 1825—1895年）在巴黎创立了第一家高级定制时装屋，为客户提供季节性的设计图册供客户选择并量身定制。沃斯时装得到了欧仁妮皇后和波琳·冯·梅特涅公主（Princess Pauline von Metternich）的皇室支持。他的时装屋以其精美的设计和制作工艺而闻名。沃斯死后，他的儿子加斯顿-卢西恩（Gaston-Lucien）和让-菲利普（Jean-Philippe）接管了时装屋，1956年关闭，距离时装屋成立100周年仅差了两年的时间。时装屋位于巴黎和平街7号。

名词翻译索引

A

Acme Newspictures / Acme 新闻图片

Acme Roto Service / Acme 图片服务

Adorned in Dreams / 《梦想的装扮: 时尚与现代性》

Adrian / 阿德里安

Altrima / 阿特里玛

Amies, Hardy / 雅曼, 赫迪

Angelus, Muriel / 安杰洛斯, 穆丽尔

Arbeitsgemeinschaft deutsch-arischer Fabrikanten der Bekleidungsindustrie, die (ADEFA) / 德国服装行业雅利安制造商协会

Associated Press Photos / 联合通讯社

Atelier Sogra / 索格拉工作室

B

Bakst, Léon / 巴克斯特, 里昂

Balenciaga 巴黎世家

Ballerina, Louelle / 巴莱里诺, 劳尔

Bally Shoes / 巴利鞋

Balmain, Pierre / 巴尔曼, 皮埃尔

Barrie, Wendy / 巴里, 温迪

Barty, Floyd / 巴蒂, 弗洛伊德

Baxter, Anne / 巴克斯特, 安妮

Bennett, Joan / 贝内特, 琼

Berketex / 品牌名

Bianchini-Férier / 比安基尼-费里耶

Blair, Janet / 布莱尔, 珍妮特

Blanchot, Jane / 布兰肖, 简

Booth, Karin / 布斯, 卡琳

Borg, Veda Ann / 博格, 维达·安

Boss, Hugo / 博斯, 雨果

Boussac, Marcel / 博萨克, 马塞尔

Bradna, Olympe / 布拉德娜, 奥林普

Brandt, Gustav / 勃兰特, 古斯塔夫

Bravura, Denyse de / 柏薇菈, 德尼斯.德

Britt, Kay / 布里特, 凯

Britton, Barbara / 布里顿, 芭芭拉

Brooks, Leslie / 布鲁克斯, 莱斯利

Brooks, Phyllis / 布鲁克斯, 菲利斯

Bruce, Virginia / 布鲁斯, 弗吉尼亚

Bruyère Marie-Louise / 玛丽-路易丝.布吕耶尔

C

Cagney, Jean / 卡格尼, 珍妮

Callot Soeurs / 卡洛特姐妹

Calvert, Phyllis / 卡尔弗特, 菲利斯

Cange, Simone / 坎奇, 西蒙

Carnegie, Hattie / 卡内基, 哈蒂

Carpentier, Suzie / 卡彭铁尔, 苏西

Carpentier, Mad / 卡彭铁尔, 马迪

Carroll, Madeleine / 卡罗尔, 玛德琳

Catalina Cruise / 卡塔琳娜·克鲁斯

CBS Fashion Service / 哥伦比亚广播公司, 服装服务

Celanese / 塞拉尼斯

Chambre Syndicale de la Haute Couture / 法国高级时装协会

Champcommunal, Elspeth / 尚科米纳尔, 埃尔斯佩斯

Chanel, Coco / 香奈儿, 可可

Charisse, Cyd / 查里斯, 赛德

Charles, Bernice / 查尔斯, 伯尼斯

Chase, Edna Woolman / 蔡斯, 埃德娜·伍尔曼

Christopher, Kay / 克里斯托弗, 凯

Cocteau, Jean / 谷克多, 让

Colbert, Claudette / 科尔伯特, 克劳德特

Colombier, Janette / 科伦比尔, 珍妮特

Columbia Pictures Press / 哥伦比亚图片出版社

Conklin, Ruth / 康克林, 露丝

Corolla / 卡罗拉

Crail, Schuyler / 克雷尔, 斯凯勒

Creed, Charles / 克里德, 查尔斯

Culver Pictures / 斑鸠图片

D

Dahl, Arlene / 达尔, 阿琳

Dalton, Hugh / 道尔顿, 休

Dane, Patricia / 戴恩, 帕特丽夏

Day, Laraine / 黛, 拉雷恩

Demonne, M. / 德莫纳, M.

Dessès, Jean / 德斯, 让

Dietrich, Marlene / 黛德丽, 玛琳

Dior, Christian / 迪奥, 克里斯汀

Dormeuil Frères / 多美兄弟公司

Dufay process / 杜菲彩色工艺

Durbin, Deanna / 德宾, 迪安娜

E

Eagle Lion films / 鹰狮影业

Eneley Soeurs / 埃内莉姐妹

English, Pat / 英格利, 帕特

Erik / 埃里克

Evanoff, Ruth / 伊万诺夫, 露丝

F

Factor, Max / 蜜丝佛陀

Fashion Frocks Inc. / 时尚裙业公司

Fath, Jacques / 法斯, 雅克

Faye, Alice / 菲, 爱丽丝

Florell, Walter / 弗洛尔.沃尔特

Fontaine, Joan / 方丹, 琼

Ford II, Henry / 福特二世, 亨利

Frazier, Brenda / 弗雷泽, 布伦达

French, Peter / 弗伦奇, 彼得

Frost, Robert / 弗罗斯特, 罗伯特

Fryer, Elmer / 弗莱尔, 艾尔默

参考文献

rnold, R. *American Look: Fashion, Sportswear and the Image of Women in 1930s and 1940s New York.* London: I B Tauris & Co Ltd 2008

sh & Wilson, *Chic Thrills: A Fashion Reader.* Kitchener: Pandora, 1996

tfield, J., *Utility Reassessed: The Role of Ethics in the Practice of Design.* Manchester: Manchester University Press, 2001

eevor, A., *Paris After the Liberation: 1944–1949.* London: Penguin, 2007

lum, D., *Shocking! The Art and Fashion of Elsa Schiaparelli.* New Haven: Yale University Press, 2003

rayley, M., Ingram, R., *World War II British Women's Uniforms in Colour Photographs.* Ramsbury: The Crowood Press, 2001

emornex, J., *Lucien Lelong. London:* Thames & Hudson 008

squivin, C., *Adrian: Silver Screen to Custom Label.* New ork City: Monacelli Press, 2007

wing, E., *History of 20th Century Fashion.* London: atsford, 2005

uenther, I., *Nazi Chic? Fashioning women in the Third eich.* London: Berg, 2004

owell, G. *Wartime Fashion: From Haute Couture to omemade,* 1939-1945. London: Berg, 2012

lake Do and Mend: Keeping Family and Home Afloat n War Rations (Official World War II Info Reproductions). ondon: Michael O'Mara, 2007

upano, M., *Fashion at the Time of Fascism.* Bologna: amiani, 2009

cDowell, C., *Forties Fashion and the New Look.* ondon: Bloomsbury Publishing PLC, 1997

ears, P., *Madame Grès: Sphinx of Fashion.* New Haven: ale University Press, 2008

Merceron, D., *Lanvin.* New York City: Rizzoli International Publications, 2007

Palmer, A., *Dior.* London: V&A Publishing, 2009

Paulicelli, E., *Fashion under Fascism: Beyond the Black Shirt.* London: Berg, 2004

Schiaparelli, E., *Shocking Life: the autobiography of Elsa Schiaparelli* V & A Publications 2012

Sinclair, C., *Vogue on: Christian Dior (Vogue on Designers)* Quadrille, 2012

Snow, C., *The World of Carmel Snow* McGraw-Hill 1962 Veillon, D. *Fashion Under the Occupation.* London: Berg, 2002

Steele, V., *Paris Fashion: a Cultural History.* London: Berg, 1988

Walford, J. *Forties Fashion: From Siren Suits to the New Look.* London: Thames and Hudson Ltd, 2001

Walker, N *Women's Magazines, 1940-1960: Gender Roles and the Popular Press.* London: Bedford Books, 1998

Watt, J. *Vogue on: Elsa Schiaparelli (Vogue on Designers)* Quadrille Publishing Ltd 2012

Wilcox, C. *The Golden Age of Couture: Paris and London 1947-1957* V & A Publishing 2012

Wilson, E. & Taylor, L., *Through the Looking Glass: A History of Dress from 1860 to the Present Day.* London: BBC Books, 1989

致谢

非常感谢以下为本书做出贡献的人:

本书的制作:艺术总监露西·科利 (Lucy Coley),版权编辑简·多诺万 (Jane Donovan),审读巴里·古德曼 (Barry Goodman),图片研究员珍妮·梅雷迪思 (Jenny Meredith),制作经理玛丽亚·佩塔利杜 (Maria Petalidou),版式设计师维姬·兰金 (Vicky Rankin) 和项目编辑伊莎贝尔·威尔金森 (Isabel Wilkinson)。在此,出版商感谢以下权利人对本书图片的授权:

© Daily Herald Archive/National Media Museum / Science & Society Picture Library – All rights reserved 41

Fairfax Media via Getty Images 246–1

Getty Images 1, 18, 67, 114, 449, 450, 451, 451b, 455l, 455r

IWM via Getty Images 13

© Kodak Collection/National Media Museum / Science & Society

Picture Library – All rights reserved 317

Kurt Hutton 459

Mary Evans Picture Library 451t

Mary Evans Picture Library/National Magazine Company 104

© National Media Museum / Science & Society Picture Library – All rights reserved 99, 364, 488

© Planet News / Science & Society Picture Library – All rights reserved 453

Popperfoto 96, 454

Popperfoto/Getty Images 66

Time & Life Pictures 27

Time & Life Pictures/Getty Images 337, 338, 339, 340, 365, 452, 471

所有其他图片均来自© Fiell Image Archive 2013, 2021。维尔贝克出版集团有限公司已尽一切努力确认每张图片的来源和/或版权持有人,并为任何无意的错误或遗漏道歉,这些错误或遗漏将在本书的未来版本中予以纠正。

夏洛特·菲尔（Charlotte Fiell）

夏洛特·菲尔是设计史学、理论和批评方面的权威，在这个主题上写了60多本书。她最初在佛罗伦萨的英国学院学习，然后在伦敦坎伯韦尔艺术学院（UAL）完成学业，在那里获得了绘画史和版画材料科学专业课程的（荣誉）学士学位。后来，她在伦敦苏富比艺术学院接受培训。20世纪80年代末，她和丈夫彼得在伦敦国王路开办了一家开创性的设计画廊，并由此获得了难得的现代设计实践知识。1991年，菲尔夫妇出版了他们的第一本书《1945年以来的现代家具经典》，受到广泛好评。从那时起，菲尔夫妇就开始专注于通过写作、策展和教学更广泛地传播时尚设计。她最近的作品包括：*100 Ideas that Changed Design*，*Women in Design: From Aino Aalto to Eva Zeisel* 和 *Ultimate Collector Cars*。

埃曼纽尔·德里克斯（Emmanuelle Dirix）

埃曼纽尔·德里克斯是一位备受尊敬的时尚历史学家和策展人。她在温切斯特艺术学院、中央圣马丁艺术学院、皇家艺术学院和安特卫普时装学院讲授时尚批判性和历史性研究。她定期为展览目录和学术书籍撰稿。项目包括展览和书籍：*Unravel: Knitwear in Fashion, 1920s Fashion:The Definitive Sourcebook* 和 *1930s Fashion: The Definitive Sourcebook*。

图书在版编目（CIP）数据

1940年代时尚：权威资料手册／（英）夏洛特
·菲尔（Charlotte Fiell），（英）埃曼纽尔·德里克斯
（Emmanuelle Dirix）编著；邸超，余渭深译. -- 重庆：
重庆大学出版社, 2023.4
（万花筒）
书名原文: 1940s Fashion：The Definitive
Sourcebook
ISBN 978-7-5689-3691-0

Ⅰ.①1… Ⅱ.①夏… ②埃… ③邸… ④余… Ⅲ.①
服饰美学－美学史－世界－20世纪 Ⅳ.
①TS941.11-091

中国国家版本馆CIP数据核字(2023)第006078号

1940年代时尚：权威资料手册
1940 NIANDAI SHISHANG：QUANWEI ZILIAO SHOUCE
[英]夏洛特·菲尔（Charlotte Fiell）
[英]埃曼纽尔·德里克斯（Emmanuelle Dirix） 编著
邸超 余渭深 译 刘芳 审校

责任编辑：张 维 侯慧贤 书籍设计：M^{ooo} Design
责任校对：谢 芳 责任印制：张 策

重庆大学出版社出版发行
出版人：饶帮华
社址：（401331）重庆市沙坪坝区大学城西路21号
网址：http://www.cqup.com.cn
印刷：天津图文方嘉印刷有限公司

开本：787mm×1092mm 1/16 印张：32.25 字数：323千
2023年4月第1版 2023年4月第1次印刷
ISBN 978-7-5689-3691-0 定价：139.00元

Fashion Sourcebook 1940s

Published in 2021 by Welbeck

An imprint of Welbeck Non-Fiction Limited, part of Welbeck Publishing Group

Text copyright ©Charlotte Fiell and Emmanuelle Dirix 2021

版贸核渝字（2022）第225号